앵그리버드와 함께 떠나는

우주 여행

ANGRY BIRDS™
SPACE

앵그리버드 스페이스

(앞 페이지)
1968년,
달에서 찍은
지구의 모습

허블 우주 망원경으로 본
V838 모노케로티스 항성의 모습

ANGRY BIRDS™
SPACE

앵그리버드 스페이스

글 : 에이미 브릭스   그림 : 로비오

푸른 날개   NATIONAL GEOGRAPHIC

이 책의 글을 쓴 에이미 브릭스(Amy Briggs)는 책과 동물을 무척 좋아하는 작가예요. 이 세상에 대한 신기하고 재미있는 사실들을 책을 통해 어린이들에게 알려 주고 있지요. 내셔널 지오그래픽에서 편집자로 일하고도 있어요. 이 책에서는 전 세계적으로 어린이들의 사랑을 받고 있는 앵그리버드와 함께 즐거운 우주여행을 하면서 유익한 우주 상식과 과학 지식을 재미있게 이야기하고 있지요. 지금은 남편, 딸과 함께 버지니아에서 살고 있어요.

이 책을 우리말로 옮긴 김아림은 서울대학교 생물교육과 서울대학원 과학사 및 과학 철학 협동 과정을 수료하고, 과학 전문 출판사 편집부에서 근무했어요. 현재 번역 에이전시 엔터스코리아에서 출판 기획 및 전문 번역가로 활동 중이에요. 옮긴 책으로는 『자연의 농담』, 『공룡과 나』, 『리얼 다이노소어』, 『미국 초등 교과서 핵심 지식 시리즈 GK-G6 : 과학편』, 『공룡의 발견』 등이 있어요.

★ 펴낸날 초판 1쇄 2012년 11월 20일, 초판 4쇄 2014년 6월 18일
★ 글 에이미 브릭스 그림 로비오 옮김 김아림
★ 펴낸이 최현희 편집 이선일, 강은경 디자인 박미영 ★ 펴낸곳 도서출판 푸른날개
★ 주소 인천 연수구 벚꽃로 158번길 43 전화 032) 811-5103 팩스 032) 232-0557, 032) 821-0557
★ 출판등록 제 131-91-44275 ★ ISBN | 978-89-6559-042-2 63440 ★ 값 13,000원

앵그리버드와 함께 신 나는 우주여행을 떠나요!

해가 저물고 온 세상이 점점 어두워지면 하늘에는 또 다른 세계가 열려요. 도시에서는 잘 보이지 않지만, 수많은 별들이 하늘 가득 떠 있지요. 우리 눈에 보이는 별보다 훨씬 더 많은 별들이 있는 것은 누구나 알고 있는 사실이에요. 그리고 그런 멋진 밤하늘을 바라보면서 다들 한번쯤은 우주여행을 하고 싶다는 생각을 했을 거예요. 그동안 많은 사람들이 우주여행을 하기 위해 많이 노력했어요. 그리고 진짜로 우주여행을 한 사람도 몇몇 있어요. 정말 꿈이 이루어진 것이지요. 이 책을 읽는 여러분도 우주여행을 할 수 있을지 몰라요. 그러니까 꿈을 포기하지 마세요.

진짜 우주여행을 하기 전에 먼저 귀엽고 용감한 작은 새 앵그리버드와 함께 책 속에서 우주여행을 떠나 보세요. 앵그리버드로 유명한 엔터테인먼트 회사 로비오와 내셔널 지오그래픽이 손을 잡고 만든 이 특별한 책은 첫 장에서 마지막 장까지 눈이 번쩍번쩍 뜨일 만큼 놀라운 이야기와 생생한 사진들로 가득하답니다. 아마 즐거운 우주여행을 마치고 난 뒤에는 알찬 지식과 자신감이 꽉 차 있을 거예요. 함께 우주여행을 떠날 준비가 됐나요?
자, 출발해요!

로비오 엔터테인먼트 사의
마이티 이글이자 최고 마케팅 경영자
피터 베스터바카

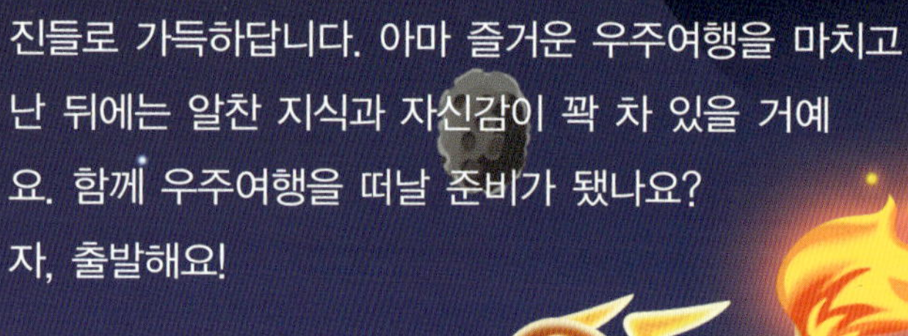

우주 속으로 사라진 알을 찾아라!

한 머나먼 섬에서 앵그리버드 여럿이 무리지어 살고 있었어요. 그런데 어느 날, 초록 돼지들이 앵그리버드들의 알을 훔쳐 갔어요. 앵그리버드들은 알을 되찾아 오기 위해 초록 돼지들의 요새로 쳐들어갔어요. 그런데 갑자기 하늘에서 거대한 소용돌이가 일어났어요. 그리고 그 한가운데에서 주사위처럼 네모나게 생긴 새 한 마리가 나타났지요. 그 새는 번쩍이는 알을 갖고 있었어요.

앵그리버드들과 초록 돼지들이 멍하니 쳐다보고 있을 때, 소용돌이에서 갑자기 엄청 큰 팔이 나타나 번쩍이는 알을 휙 잡아채더니 그대로 어둠 속으로 사라져 버렸지요. 네모난 새는 소용돌이 안으로 다시 들어갔어요. 그때 앵그리버드들은 자기들의 알도 사라졌다는 것을 깨달았어요. 앵그리버드들은 망설이지 않고 소용돌이에 몸을 던졌어요. 긴 우주 터널에서 나온 앵그리버드들은 놀랍게도 우주 한복판에 도착해 있었지요.

이제 넓고 깊은 우주 속에서 알을 되찾기 위해서는 우주에 대한 지식들을 많이 알아야 해요. 앵그리버드들은 새 친구를 사귀고 행성, 별, 우주 탐험, 은하계, 그리고 저 너머의 세계에 대한 '우주 데이터'와 '우주 상식'을 모으는 모험을 떠날 거예요. 앵그리버드들과 함께 우주를 가로지르며 용감한 구출 작전을 함께 펼쳐 보세요.

LEVEL 1　우리가 사는 태양계
출발! 우주여행을 시작해요

우리 은하 속
지구의 위치

별들의 고향, 은하

지구는 태양계 안에 자리 잡고 있어요. 그리고 태양계는 은하의 가장자리에 있지요. 은하는 수십억 개의 별들이 모여 소용돌이 모양을 이루고 있어요. 막 태어나 반짝이는 별에서부터 나이 든 희미한 별까지, 나이도 색도 아주 다양한 별들이 모여 있지요. 은하의 한가운데는 노란색, 붉은색 별들이 밝게 빛나고 있어요. 지구는 은하의 중심에서 약 2만 8,000광년 떨어져 있지요. 은하를 둘러싼 검은 물질을 헤일로라고 하는데, 은하 무게의 대부분을 차지해요.

우주 상식

태양계는 2억 2,000만 년에 한 번씩 은하 주위를 돌고 있어요.

우주 데이터	이름	크기	나이
	은하	폭 10만 광년, 두께 1,000광년	은하 헤일로의 나이는 132억 년

밝게 빛나는
페르세우스자리
유성군

함께 사는 우주 동네, 태양계

태양은 태양계 전체 무게의
대부분(99.8퍼센트)을
차지해요.

태양계는 태양의 중력에 이끌려 태양을 중심으로 주위를 뱅글뱅글 돌고 있는 별들의 모임이에요. 수성, 금성, 지구, 화성, 목성, 토성, 천왕성, 해왕성 8개의 커다란 행성뿐만 아니라 그 행성의 주변을 도는 위성과 소행성, 혜성 등을 모두 말하지요. 태양에 가장 가까운 행성은 약 5,800만 킬로미터 정도 떨어져 있는 수성이고, 가장 먼 행성은 약 45억 킬로미터 떨어진 해왕성이지요.

과학자들이 밝힌
태양계의 나이는
45억 7천만 년이에요.

태양계의 모습

반짝반짝 빙글빙글 행성

2006년, 국제 천문 연맹(IAO)은 명왕성을 태양계 행성에서 빼 버렸어요. 행성은 스스로 빛을 내는 별인 항성의 주위를 도는 별을 말해요. 행성은 스스로의 중력 때문에 둥글게 생겼지요. 그리고 행성은 자기 궤도에 다른 천체의 궤도가 끼어들지 못할 만큼 충분히 커야 해요. 하지만 명왕성은 크기도 작은 데다가 태양을 도는 궤도도 기울어지고 이상했지요. 그래서 오랫동안 명왕성을 관찰한 과학자들은 명왕성을 태양계의 행성이 아니라 왜소행성으로 구분하기로 했어요.

우주 상식

명왕성이 쫓겨나면서 태양계의 행성은 지구까지 8개가 되었어요.

행성은 스스로
빛을 내지는 못해요.

명왕성과
명왕성의 가장 큰
위성인 카론

우주를 향해, 슝!
우주 로켓

사람들은 오래전부터 우주를 여행하고 싶어 했어요. 19세기 중반, 쥘 베른이 지은 과학 소설에도 우주여행 이야기가 나왔지요. 인공위성을 쏘아 올리고 활용하는 데 필요한 과학 지식은 1903년부터 나오기 시작했어요. 러시아 과학자인 콘스탄틴 치올코프스키가 물체를 발사해서 지구 주위를 돌게 하려면 속도가 얼마여야 하는지 계산한 것이 최초였지요. 1926년에는 미국인 로버트 H. 고더드가 액체 산소와 휘발유를 섞어서 최초의 액체 연료 로켓을 쏘아 올렸어요. 하지만 이 로켓은 겨우 몇 분밖에 날지 못했지요. 그래도 이런 노력들이 쌓여서 이제는 우리가 진짜로 우주여행을 할 수 있게 되었지요.

우주 상식

지금 기술로는 우주선을 타고 지구에서 가장 가까운 항성인 프록시마 센타우리까지 가는 데 약 1만 8,000년이 걸려요.

로켓이 지구의 중력을 벗어나려면
적어도 시속 4만 킬로미터의
속도로 날아야 해요.

1927년에 그려진
미래의 로켓 여행

쓰임새가 다양한 인공위성

1957년 10월 4일, 러시아에서 최초의 인공위성인 스푸트니크 1호를 우주에 쏘아 올렸어요. 뒤이어 미국도 1958년 1월 31일에 인공위성 익스플로러 1호를 만들었어요. 이때부터 사람들은 위성 수천 개를 우주에 발사했어요. 이 중에는 아직도 지구 주위를 도는 것도 있지요. 오늘날 인공위성은 대부분 전 세계에 걸친 통신이나 과학자들의 연구, 탐험에 사용되고 있어요. 인공위성에는 통신 위성, 기상 위성, 항행 위성(배나 비행기의 위치를 알려 주는 위성)뿐 아니라 허블 우주 망원경 같은 천문 관측 위성도 있지요.

우주 상식

지구 주위를 도는 최초의 인공위성인 스푸트니크 1호는 크기가 물놀이용 공 정도로 작았지만 무게는 84킬로그램이나 나갔어요.

우주 데이터	최초의 인공위성	지름	궤도를 한 바퀴 도는 시간	지구 주위를 돈 횟수
	스푸트니크 1호, 1957년 10월 4일	58센티미터	96분	1,440회

우리나라 최초의 인공위성은
1992년에 발사한 우리별 1호예요.
12개의 인공위성을 가진 우리나라는
세계 22번째 인공위성
보유 국가이지요.

최초의 인공위성
스푸트니크 1호

1961년 5월,
앨런 셰퍼드의 우주 캡슐
머큐리 레드스톤 3호의 발사 모습

우주를 향한 무한도전, 우주인

스푸트니크 1호의 등장 뒤, 얼마 지나지 않아 사람도 우주여행에 직접 나서기 시작했어요. 1961년 4월, 러시아의 우주 비행사 유리 가가린이 인류 최초의 우주인이 되었지요. 가가린은 우주 캡슐을 타고 지구 주위를 돈 뒤, 다시 대기권으로 들어와서는 캡슐에서 탈출해 낙하산을 타고 땅으로 내려왔어요. 뒤이어 1961년 5월, 앨런 셰퍼드라는 미국인도 머큐리 레드스톤 3호를 타고 우주 비행에 성공했어요. 지구를 완전히 한 바퀴 돈 최초의 사람은 1962년 2월, 머큐리 아틀라스 6호를 탄 존 글렌이에요.

우주 상식

우리나라 최초의 우주인은 2008년 4월에 우주 비행을 한 이소연이에요.

우주 데이터

최초의 우주인	최초의 여자 우주인	가장 나이 어린 우주인	가장 나이 많은 우주인
유리 가가린, 1961년 4월 12일	발렌티나 테레시코바, 1963년 6월 16일	게르만 티토프, 25세, 1961년 8월 6일	존 글렌, 77세, 1998년 10월 29일

신비한 달 여행

1959년, 제일 처음 달에 도착한 우주 탐사기는 러시아의 것이었어요. 그 뒤로 먼저 달에 사람을 보내기 위해 러시아와 미국이 서로 경쟁을 벌였지요. 드디어 10년 뒤, 1969년에 미국은 세 사람을 태운 아폴로호를 달에 보냈어요. 1969년 7월 20일에서 1972년 12월 19일까지 미국의 나사는 계속해서 우주 탐사기를 달에 보냈어요. 이 우주 탐사기는 여섯 번에 걸쳐 달에 여러 측정기를 설치하고 암석도 채취해서 지구로 돌아왔어요. 하지만 그 뒤로는 더 이상 아무도 달에 가지 못했지요.

우주 상식

우주 비행사 닐 암스트롱은
처음으로 달 표면에
발자국을 남겼어요.

우주 상식

만약 자전거를 타고 달까지 가려면,
3년 동안 페달을 계속 밟아야 할 거예요.

24

우주 상식

우주 비행복의 무게는
무려 114킬로그램이나 돼요.

신기한 만능 옷, 우주복

과거에는 우주 비행사마다 맞춤 비행복을 만들어 임무를 수행할 때마다 그 옷만 입었어요. 오늘날 우주 비행사들은 상황에 따라 여러 가지 옷을 입지요. 우주 정거장에서는 바지, 티셔츠, 스웨터처럼 간편한 옷을 입어요. 우주 정거장 밖으로 나갈 때는 커다란 우주 비행복을 입지요. 이 우주복은 우주에서 우주 비행사들을 보호하는 생명 유지 장치, 전기 동력, 냉각 장치, 환기 팬, 우주복 안에서 무언가를 마실 수 있는 장치 등을 갖추고 있는 신기한 만능 옷이에요.

우주 비행사들은 우주복 바지를 입을 때
특별한 멜빵을 사용해요.

함께 만들고 함께 쓰는
국제 우주 정거장

우주 상식

국제 우주 정거장은 밤하늘에서 아주 잘 보여요.

26

우주에는 중력이 없기 때문에
우주 비행사의 키가 늘어나요.

사람이 오랫동안 우주에 머무르려면 우주 정거장이 꼭 필요해요. 그래서 미국은 1973년부터 1979년까지 스카이랩 우주 정거장을 운영했지요. 러시아도 우주 정거장을 여러 개 만들었어요. 그중 1986년에서 2000년까지 운영된 미르호가 제일 유명해요. 발레리 폴랴코프라는 우주인은 이곳에서 438일 동안이나 지냈지요. 지금은 국제 우주 정거장(ISS)만 운영되고 있어요. 이 정거장은 미국, 러시아, 일본, 캐나다, 그 외 유럽 국가들이 힘을 합쳐 만들었어요.

27

우주 상식

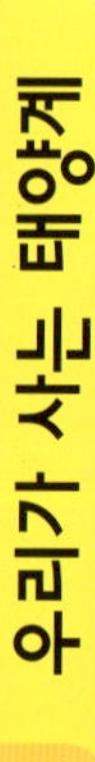

화성 탐사 로봇 오퍼튜니티는 원래 계획된 90일의 임무보다 30배나 더 많이 일했고, 지금도 열심히 탐사 중이에요.

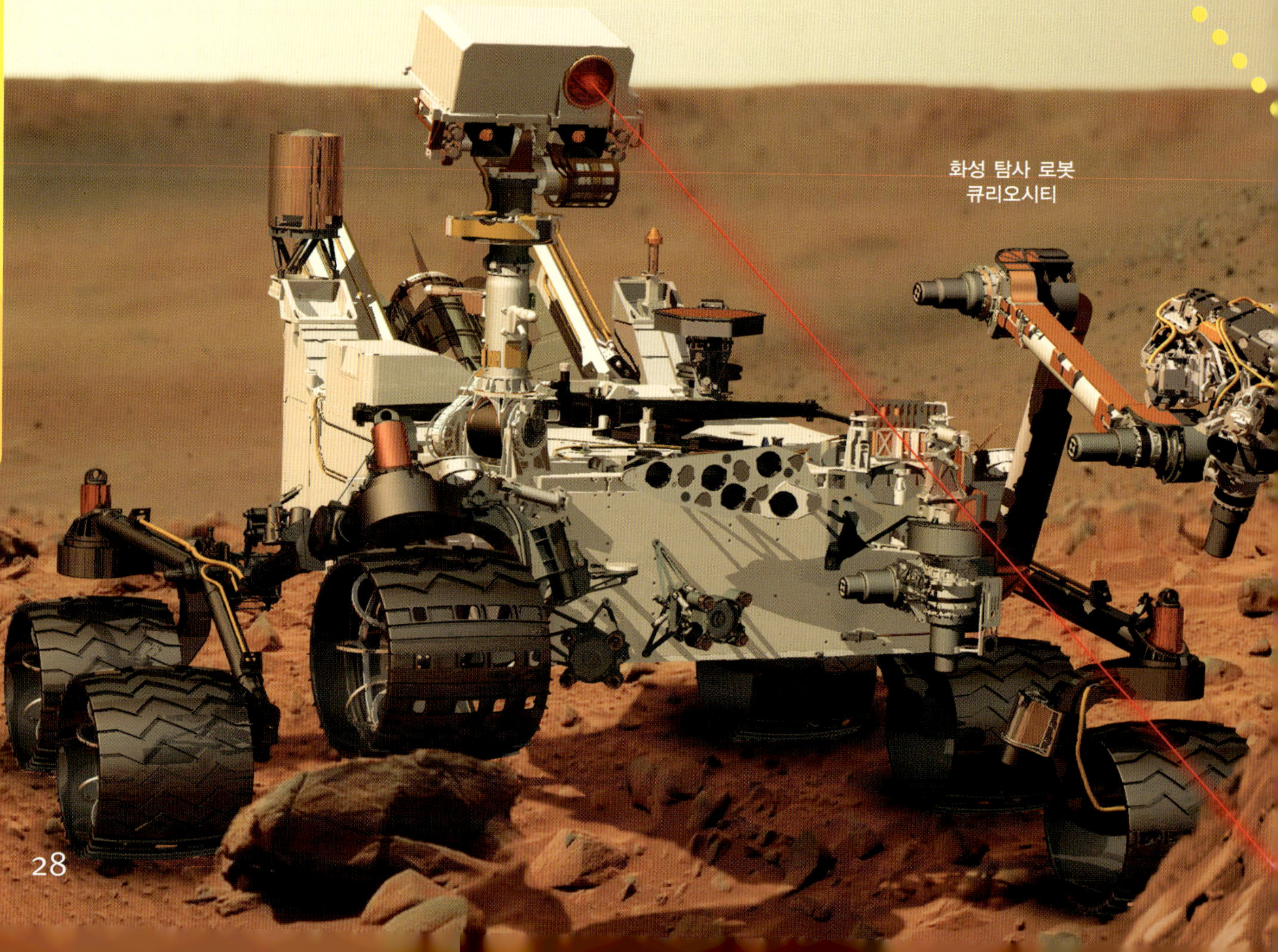

화성 탐사 로봇 큐리오시티

화성에 도착한 로봇들

전 세계 나라들의 항공 우주국은 화성에 여러 로봇들을 보냈어요. 2004년에는 미국 나사가 보낸 탐사 로봇 스피릿과 오퍼튜니티가 화성에 도착했어요. 이 두 로봇은 화성에서 물이 흘렀던 흔적을 발견했지요. 2008년, 화성의 북극 가까이에 착륙한 피닉스 랜더는 화성 표면의 바로 몇 센티미터 아래에서 얼음을 발견했어요. 2011년에 발사되어 2012년에 착륙한 탐사 로봇 큐리오시티는 아주 다양한 실험을 할 수 있는 완벽한 실험실을 갖추고 있지요.

우주 상식

우주선에 사람을 태워 화성까지 보냈다 다시 돌아오려면 900일 정도 걸려요.

하위헌스호의 토성 관찰

우주 상식

토성의 위성 타이탄에 있는
메탄 호수는 서울보다
4배나 더 커요.

토성 궤도에 들어간
카시니 하위헌스호

우주 탐사선 카시니 하위헌스호를 토성에 보내기 위해 자그마치 17개 국가가 함께 노력했지만 처음에는 계속 실패하고 말았어요. 1997년에 시작한 이 도전은 2004년에야 성공했지요. 미국 항공 우주국은 카시니호를, 유럽 우주국은 하위헌스호를 만들었어요. 하위헌스호를 실은 카시니호는 토성의 위성인 타이탄에서 하위헌스호를 분리해서 발사했어요. 하위헌스호는 토성의 날씨 변화 모습, 새로운 위성, 타이탄 위성의 메탄 호수, 엔켈라두스 위성의 간헐천 등을 관측했어요. 카시니 하위헌스호의 탐사는 2017년까지 연장되어 이제는 토성도 관찰할 예정이에요.

우주선 카시니 하위헌스호가
토성에 도착하는 데는
자그마치 7년이 걸렸어요.

보이저 1호는 인공위성 중에서
우리와 제일 멀리 떨어져 있어요.
지구에서 태양까지의 거리보다
119배나 먼 곳에 있지요.

나사의 우주선
뉴 호라이즌호

보이저 1호, 2호는 2025년쯤에
연료가 떨어지고 말아요.
그러면 더 이상 지구와 연락할 수가 없지요.

태양계 바깥의 세계

명왕성 너머를 향해 떠난 나사의 우주선 뉴 호라이즌호에는 해왕성 바깥쪽에서 태양의 주위를 돌고 있는 작은 천체들인 카이퍼 띠의 모습을 가시광선, 자외선, 적외선으로 찍을 수 있는 장치가 있어요. 이 우주선은 천체들의 표면을 촬영하고 대기를 조사할 수도 있지요. 1977년에 발사된 나사의 보이저 1호, 2호는 지금도 계속 태양계 바깥을 비행하고 있어요. 이 우주선에는 우주인에게 보내는 메시지와 지구의 문화와 생물, 자연을 상징하는 소리, 인간의 목소리를 담은 녹음 장치가 있어요.

허블 우주 망원경은 매년 20,000장,
즉, 하루에 약 55장의 사진을 찍고 있어요.

지구의 궤도에 있는
허블 우주 망원경

허블 우주 망원경

우주 비행사들은 지구 대기에 가려 보이지 않는 우주를 보게 해 줄 망원경이 있었으면 하고 오랫동안 바랐어요. 이런 희망은 1990년에 드디어 현실로 이루어졌지요. 허블 우주 망원경이 만들어졌거든요. 큰 버스 정도 크기의 허블 우주 망원경에는 지름이 2.4미터나 되는 커다란 오목 거울이 달려 있어요. 허블 우주 망원경은 지구의 둘레를 돌면서 지구에 있는 관측소에서 찍는 것보다 10배는 더 선명한 사진을 찍고 있어요. 그래서 가까운 우주의 모습을 생생하게 보여 주고 있지요.

허블 우주 망원경은 지구에서 612킬로미터 위에 있는 궤도를 시속 28,000킬로미터의 속도로 돌고 있지요.

놀라운 적외선 망원경

보통 망원경으로는 별들 사이의 먼지 구름이나 깊은 우주의 어둠은 또렷하게 보이지 않아요. 하지만 적외선 망원경으로 보면 모든 것을 선명하게 볼 수 있지요. 적외선 망원경은 지구에서 4,200만 킬로미터 떨어진 궤도를 돌고 있어요. 이 망원경은 적외선, 또는 열선을 선명하게 보여 줘요. 2003년에 발사된 스피처 망원경은 별, 행성, 은하의 탄생 모습을 생생하게 보여 줬어요. 이 망원경으로 우주의 적외선을 통해 빛을 내지 못하는 작은 별을 찾아내고, 가스와 먼지 구름 속에서 폭발한 별의 탄생과 죽음도 관측하고 있어요.

스피처 망원경이 찍은,
적외선 빛으로 타오르는
RCW 120 성운

흠…, 마치
불꽃 놀이
같군!

우주 상식

절대 영도(-273도) 이상의
모든 물체들은
적외선을 내보내요.

우주 상식

서울대학교와 일본의 우주과학연구소도
적외선 우주 망원경인 Astro-F를 함께 개발하여
2006년에 발사했지요.

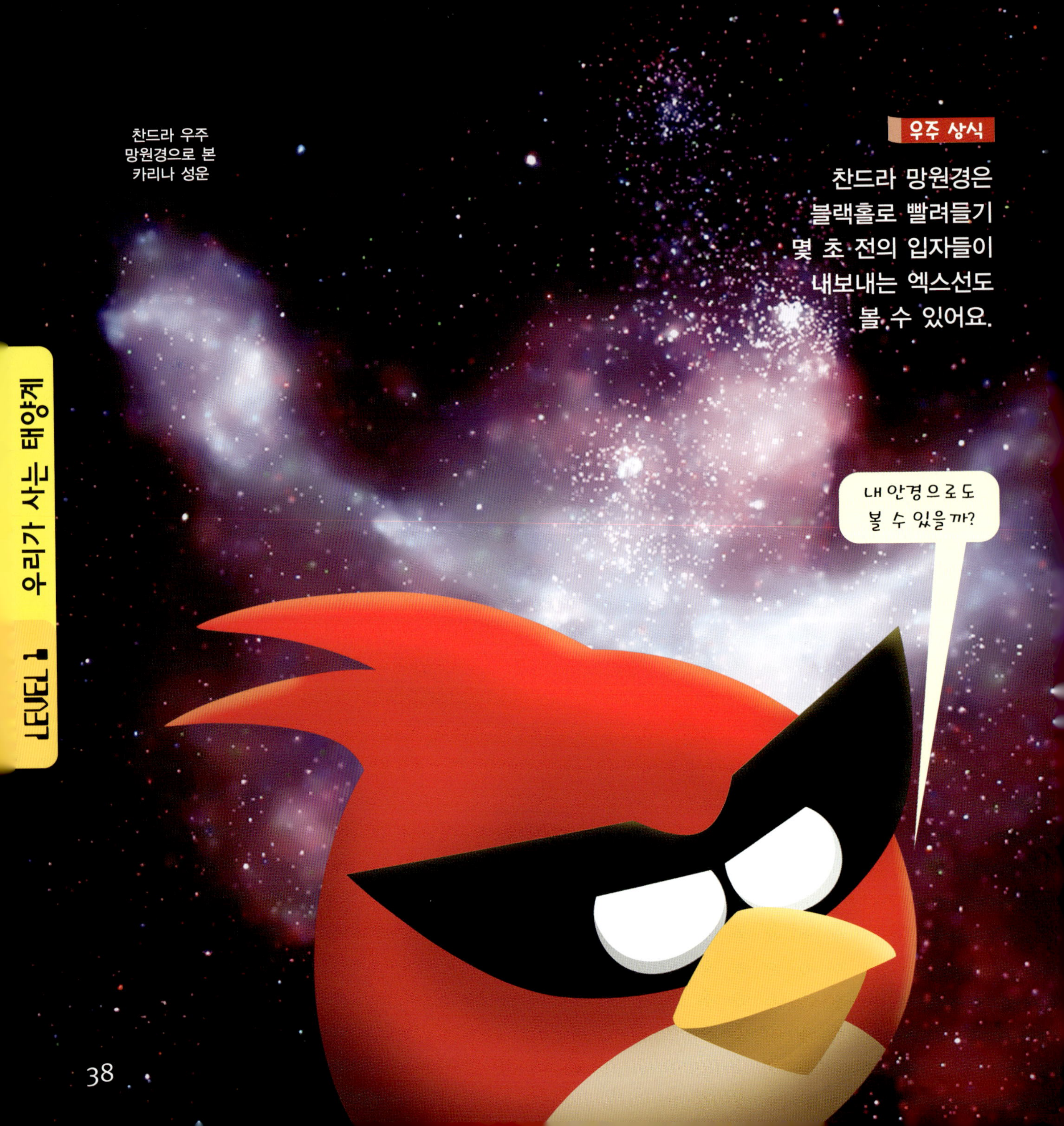

찬드라 우주
망원경으로 본
카리나 성운

찬드라 망원경은
블랙홀로 빨려들기
몇 초 전의 입자들이
내보내는 엑스선도
볼 수 있어요.

우주를 보는 눈, 엑스선 우주 망원경

찬드라 엑스선 우주 망원경의 이름은 인도 출신 미국인 천문학자 수브라마니안 찬드라세카르에서 따온 거예요. 이 망원경은 초신성, 쌍성, 블랙홀처럼 에너지가 높아 엑스선 파장으로 에너지를 내보내는 천체를 관측하지요. 찬드라 엑스선 망원경의 궤도는 지구에서 달까지 거리의 3분의 1 정도에 있어요. 과학자들은 1999년 7월부터 궤도를 돌기 시작한 찬드라 망원경으로 은하의 형성, 별의 활동, 블랙홀의 본질을 밝혀내겠다고 기대하고 있어요. 이 망원경은 세계에서 제일 성능 좋은 엑스선 망원경으로, 이전 망원경들보다 20분의 1 정도로 희미한 엑스선까지도 탐지할 수 있어요.

우주 상식

갈릴레이는 볼록 렌즈와 오목 렌즈로
망원경을 직접 만들어 우주를 관찰했어요.

우주를 듣는 귀, 앨런 망원경 집합체

미국 캘리포니아 해트크리크에 있는 앨런 망원경 집합체(ATA)는 우주에서 들려오는 생명의 소리에 귀를 쫑긋 세우고 있어요. 우주에서 지구로 들어오는 전파를 분석해서 우주에 있을지도 모르는 생명체를 발견하려고 하지요. 앨런 망원경 집합체는 작은 접시형 안테나 42개를 모아 놓은 것이에요. 지구 외 문명 탐사 연구소(SETI)가 운영하고 있는 앨런 망원경 집합체는 2007년에 만들어졌는데, 안테나의 개수를 350개까지 늘리려고 노력 중이에요.

우주 상식

지구에서 처음 들은
우주의 소리는 '징글 벨' 노래였어요.
1965년, 제미니 6호의 승무원이
들려 준 하모니카 연주였지요.

앨런 망원경 집합체

태양계 안쪽 여행

가까운 우주에는 무엇이 있을까요?

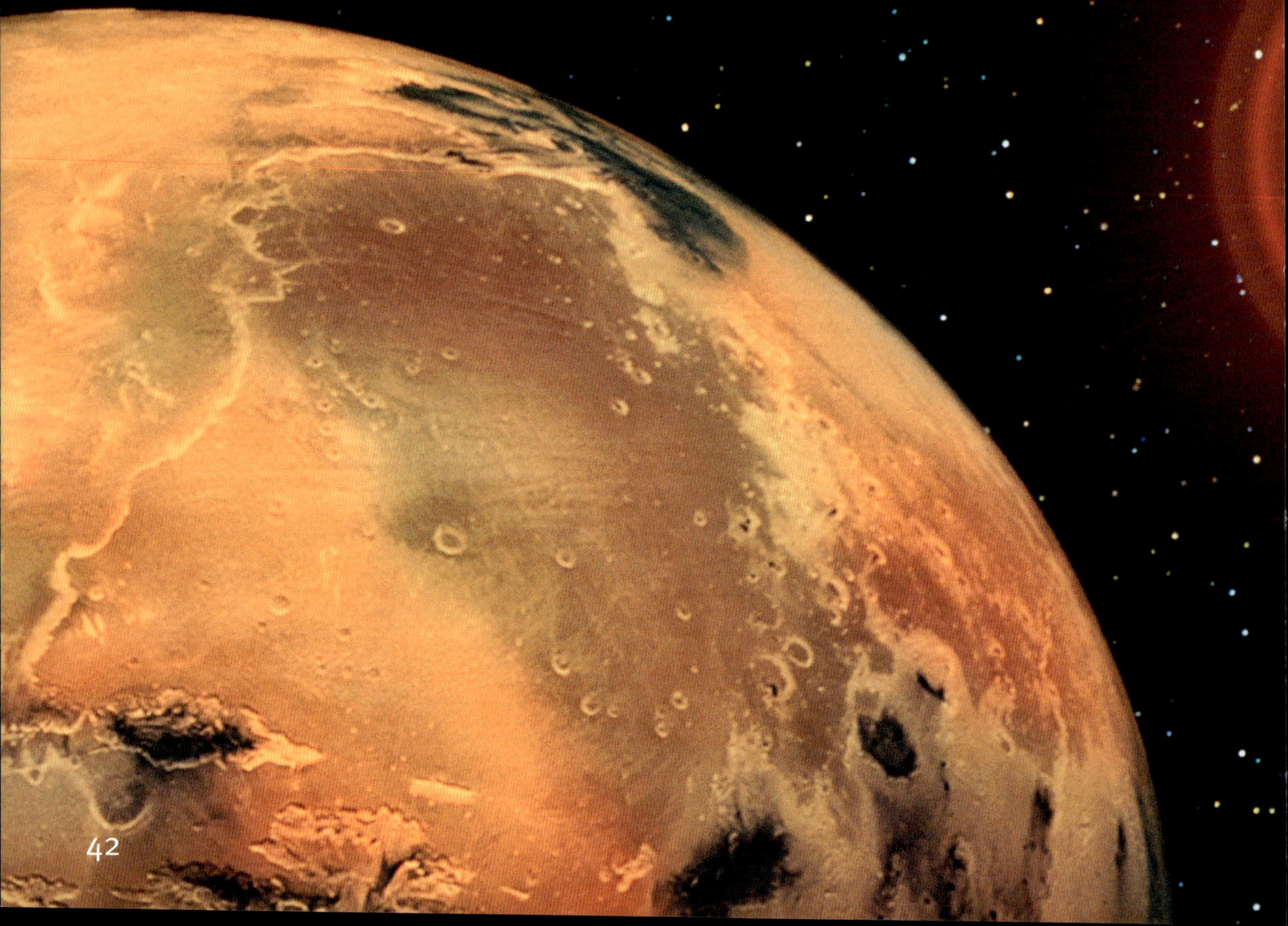

43

태양계의 뜨거운 중심, 태양

약 46억 년 전에 태어난 태양은 지구에서 가장 가까운 항성이자, 태양계의 중심이에요. 태양은 항성으로는 보통 크기지만, 지구와 비교하면 엄청 크고 무척 무겁지요. 태양은 아주 강력한 중력으로 태양계 행성들을 붙잡고 있어요. 태양을 이루고 있는 성분은 거의 수소와 헬륨인데, 태양은 이 수소를 태워서 눈부신 빛과 뜨거운 열을 만들고 있어요. 태양은 아직 에너지가 넘치지만, 아주 오랜 세월이 지난 뒤에는 점점 식어서 백색 왜성이 될 거예요.

우주 상식

태양 중심의 온도는 1,500만 도나 되고,
태양의 겉면은 약 5,500도 정도예요.

태양 관측소에서 본
태양의 모습

44

태양은 지구보다 130만 배나 크고,
33만 배나 무거워요.

우주 데이터	지구까지의 거리	자전 속도	표면 온도	지름	행성 개수
	1억 5,000만 킬로미터	25.38일 (지구 기준)	5,504도	139만 킬로미터	8개

태양풍과 태양권

태양은 태양계 전체에 영향을 미치고 있어요. 태양에서는 항상 태양풍이 뿜어져 나오지요. 이 태양풍은 사실 바람이 아니라 태양에서 오는 전기 띤 입자들의 일정한 흐름이에요. 자그마치 1초에 약 200만 톤의 물질이 시속 300만 킬로미터의 속도로 명왕성 너머까지 흐르고 있지요. 태양권은 이 태양풍에 의해 부풀고 늘어난, 태양과 행성들이 사는 주머니를 말하는 것이에요.

우주 상식

지구는 자기장이 태양풍을 막고 있지만,
태양풍의 영향으로 자기 폭풍이나 오로라 현상 등이
간혹 일어나기도 해요.

태양권은 완전한 원형이 아니라
비대칭인 타원형이에요.

태양권의 모습(파란색)

얼룩 덜룩 태양의 흑점

태양의 적도 근처에는 거뭇거뭇한 흑점이 있어요. 흑점은 주변보다 온도가 낮아서 검게 보이지요. 이 흑점은 11년을 주기로 늘어났다 줄었다 하고 있어요. 흑점 근처에는 가끔 폭발이 일어나기도 하는데, 그때 엄청난 에너지가 아주 커다란 불꽃과 함께 뿜어져 나와요. 이런 현상을 플레어라고 부르지요. 플레어 현상은 지구에도 큰 영향을 미쳐서 통신 기기나 인공위성을 망가뜨리기도 해요.

태양 흑점의
어두운 중심부

49

코로나는 개기 일식이 일어날 때
맨눈으로 볼 수도 있어요.

코로나 고리

아주 뜨거운 태양의 고리, 코로나

태양의 제일 바깥에 있는 코로나는 희미한 빛을 내며 수백만 킬로미터 멀리까지 뻗어 나가는 가스층이에요. 물질이 빽빽한 태양 중심과 비교하면, 코로나는 밀도가 굉장히 낮아요. 하지만 온도는 110만 도 정도로 굉장히 높아요. 태양의 표면보다도 훨씬 뜨거운 것이지요. 그 이유는 아직 밝혀지지 않았지요. 태양의 자기장 때문에 코로나에는 구멍이 생기는데, 몇몇 과학자들은 이 자기장 때문에 코로나가 뜨거운 것이라고 주장하고 있어요.

우주 상식

코로나 고리는 태양 표면 위로 아주 높게 치솟아요.
때로 지구 크기의 열 배 정도나 높게 솟을 때도 있어요.

태양의 이웃사촌, 수성

수성은 태양과 가장 가까운 행성이에요. 수성의 지름은 태양계의 주요 행성들 가운데 제일 작아요. 달보다 조금 클 정도지요. 수성의 궤도는 태양과의 거리가 6,900만 킬로미터로 멀 때도 있고, 4,600만 킬로미터 정도로 가까울 때도 있어요. 수성의 중심부는 거의 철이어서 밀도가 굉장히 높아요. 나사의 우주선 메신저호가 2004년에 처음 발사되어 수성을 이루는 물질과 바위투성이 표면을 조사하고 있어요. 2011년, 메신저호는 수성을 한 바퀴 돈 최초의 우주선이 되었지요.

우주 상식

수성은 태양을 가장 빨리 도는 행성이에요.
1년이 겨우 88일인 셈이지요.

수성에 가까이 다가간
우주선 메신저호

우주 상식

수성에서는 하루
(태양이 다시 뜨는 데
걸리는 시간)가
일 년보다 길어요.

우주
데이터

태양으로
부터의 거리
4,600만
~6,900만
킬로미터

자전 주기
58.6일
(지구 기준)

일 년
88일
(지구 기준)

지름
4,878
킬로미터

위성 개수
0개

우주 상식
수성에 있는 가장 큰 운석 구덩이는
폭이 1,550킬로미터나 되지요.
부딪혀서 생긴
흉터 같아!
LEVEL 2 태양계 안쪽 여행

쭈글쭈글 울퉁불퉁 수성의 얼굴

2008년, 나사의 탐사선 메신저호는 수성에 도착해서 수성 표면 전체를 찍기 시작했어요. 수성의 표면은 운석이 부딪힌 구덩이가 가득했어요. 그만큼 천체와 충돌이 많이 일어나는 것이지요. 메신저호가 찍은 사진을 보고, 국제 천문학 연맹은 구덩이마다 유명한 예술가나 소설가, 철학자의 이름을 붙였어요. 자그마치 291개나 되지요. 이중에는 지름이 692킬로미터에 달하는 거대한 렘브란트 분지도 있는데, 약 39억 년 전에 생긴 것이에요.

수성은 생겨나는 과정에서 온도가 식어서 쭈그러들었어요.
그래서 표면에 많은 주름이 생겼지요.

수성의 가장 큰 운석공
칼로리스 분지의 적외선 사진

지구의 친구, 금성

금성은 지구에서 가장 가까운 이웃이에요. 금성은 19개월마다 한 번씩 지구와 제일 가까워지는데, 그때 거리는 3,800만 킬로미터이지요. 두 행성은 크기가 거의 비슷한데, 지구가 약간 크고 조금 더 무겁지요. 금성과 지구는 둘 다 대기가 풍부해요. 그런데 지구의 대기는 거의 질소와 산소지만, 금성의 대기는 이산화탄소와 황산 구름으로 되어 있어 태양의 열을 가두어요. 그래서 금성의 표면 온도는 460도까지 올라가지요.

금성의 시프 몬즈 화산(왼쪽)과
굴라 몬즈 화산(오른쪽)

금성은 밤이 되어도
한낮처럼 몹시 뜨거워요.

수성과 마찬가지로
금성에는 위성이 없어요.

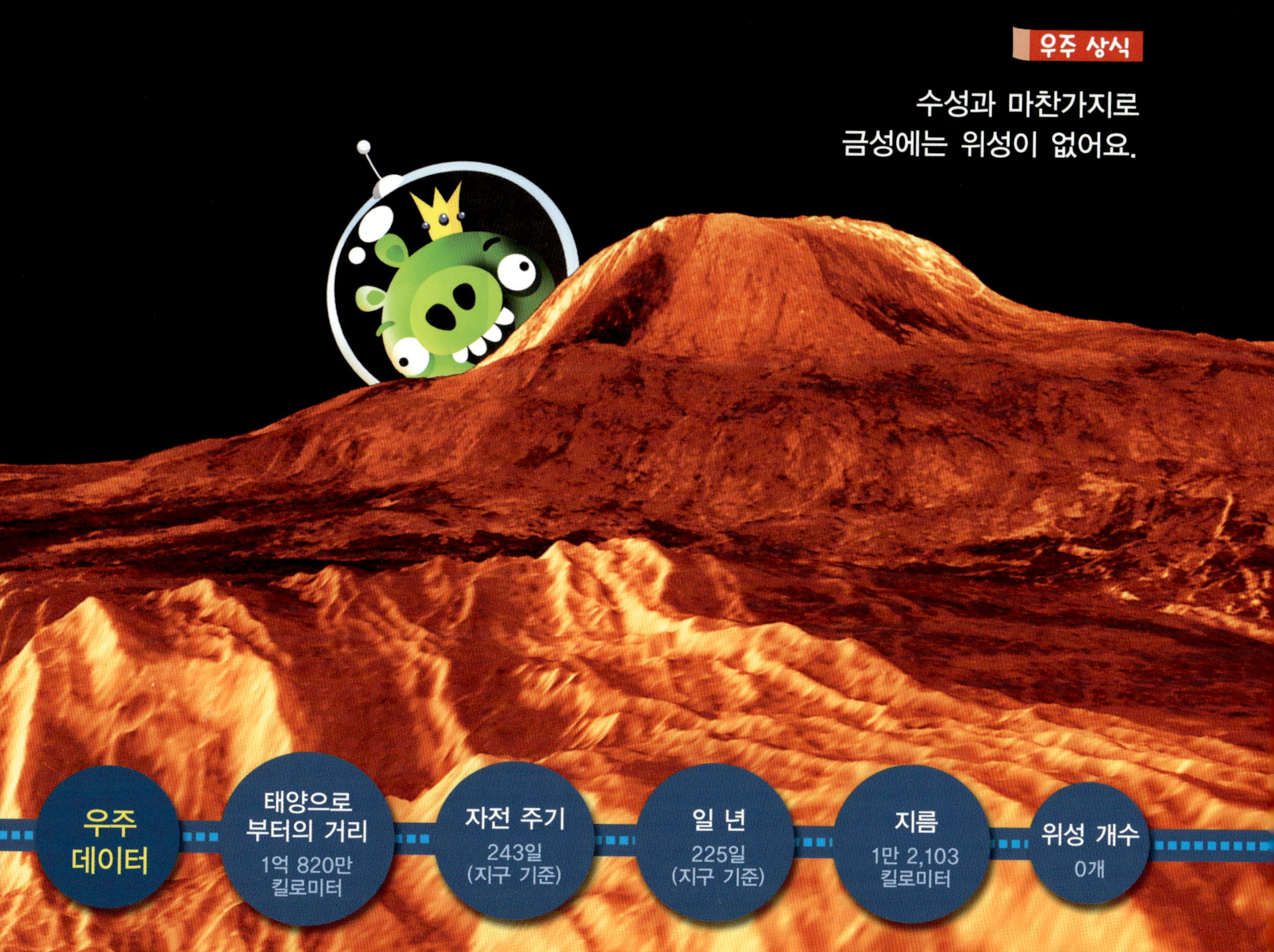

달과 함께 뜬
금성의 모습

특이한 금성의 별명

아름답고 신비로운 금성은 밤하늘에서 달 다음으로 밝아요. 금성은 1년에 몇 달은 해 뜨기 전 동쪽 하늘에 보이고, 몇 달은 해 지고 난 서쪽 하늘에서 보여요. 아침 일찍 뜨는 금성은 샛별이라고 부르고, 저녁에 뜨는 금성은 개밥바라기라고 불러요. 금성이 밤에 밝게 빛나는 이유는 두 가지예요. 먼저 금성이 지구와 가깝기 때문이지요. 또, 금성의 황산 구름이 빛을 아주 잘 반사하기 때문이기도 해요. 금성을 망원경으로 자세히 관찰하면, 달처럼 모양이 변하는 것을 알 수 있어요.

우주 상식

메소포타미아 사람들은 기원전 3000년부터 금성을 관찰하고 기록으로 남겼어요.

우주 상식

사람들이 봤다고 이야기하는 유에프오 가운데 대부분은 지구에 가장 가까이 다가왔을 때의 금성이에요.

생명의 별, 지구

지구는 아주 특별한 행성이에요. 우리가 알고 있는 천체 중에서 유일하게 생명체가 살고 있는 곳이지요. 지구는 수성, 금성, 지구, 화성 중에서 제일 크고 밀도도 높아요. 지구 표면의 70퍼센트는 바다예요. 또, 질소와 산소가 지구 대기의 대부분이라서, 해로운 복사선이나 운석으로부터 지구를 보호해 줘요. 자기권이라 불리는 자기장도 있어서 태양풍의 입자들도 빗겨 가지요. 이런 여러 가지 이유 때문에 지구에서 생명이 진화하고 번성할 수 있었어요.

우주 상식

지구는 완전히 동그랗지 않고 살짝 타원 모양으로 생겼어요.

우주 데이터	태양으로 부터의 거리	자전 주기	일 년	지름	위성 개수
	1억 5,000만 킬로미터	24시간	365일	1만 2,756 킬로미터	1개

태양계에서 물이 고체·액체·기체 상태 모두로
존재하는 행성은 지구뿐이에요.

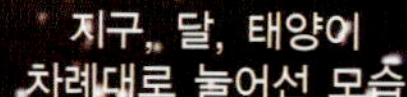

지구, 달, 태양이
차례대로 늘어선 모습

지구에 사는 놀라운 생물

지구에는 설마 이런 곳에 무언가 살고 있을까 싶은 곳
에도 여러 생물이 사는 것을 볼 수 있어요. 이런 생물
들은 산소 호흡이나 광합성을 하지 않아요. 지구 표면의
갈라진 틈인 열수구는 땅속 깊은 곳의 열로 뜨거워져
물이 부글부글 끓지요. 여기에도 생물들이 살아
요. 그런데 이런 틈새는 목성의 위성인
유로파 땅속 깊은 곳의 대양 바닥
에도 있지요. 그래서 사람들은
다른 우주에도 생명체가 살
고 있을지도 모른다고 생
각하고 있어요.

미생물들은 방사선을 뿜는
광산 깊은 곳이나
남극의 얼음 속에서도
살고 있어요.

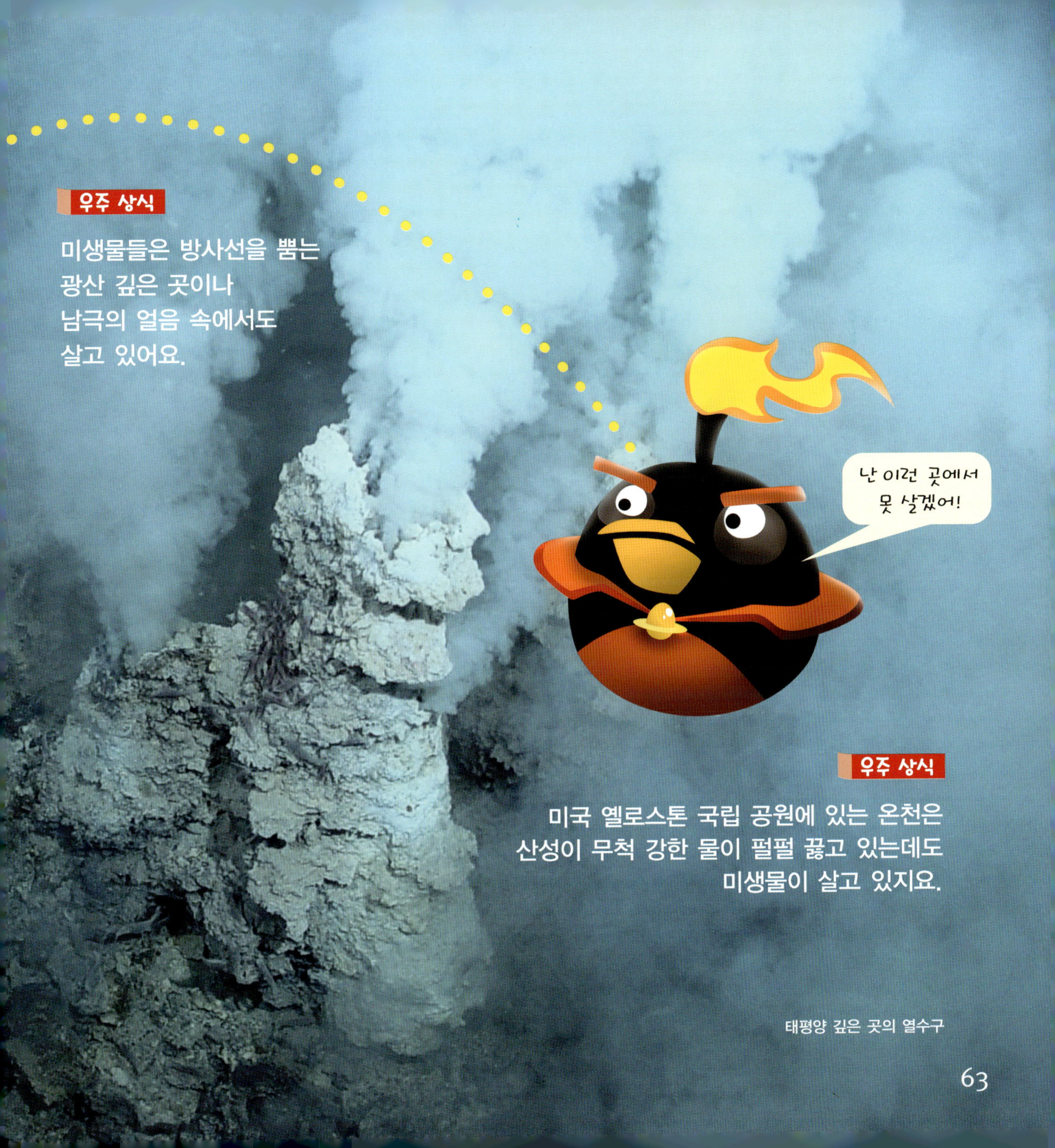

미국 옐로스톤 국립 공원에 있는 온천은
산성이 무척 강한 물이 펄펄 끓고 있는데도
미생물이 살고 있지요.

태평양 깊은 곳의 열수구

63

지구에 찾아오는 손님, 별똥별

우주 상식

별똥별을 유성이라고 부르는데,
비처럼 쏟아지는 별똥별들을
유성우라고 말하지요.

태양 주변은 셀 수도 없을 만큼 많은 우주 먼지, 부스러기, 작은 암석 조각들이 계속 돌고 있어요. 이 중에서 지구에 가까이 와서 대기권을 지나가는 것을 별똥별이라고 불러요. 별똥별의 속도는 시속 3만 2,000킬로미터에서 25만 7,000킬로미터나 되지요. 대기권과의 마찰 때문에 별똥별 온도는 1,100도 정도까지 올라가요. 그때, 공기가 이온화되었다가 재결합하는 과정에서 번쩍이는 긴 빛줄기가 생기는 것이지요. 이 별똥별이 지구에 떨어진 것을 운석이라고 해요. 운석은 대부분 규산염으로 이루어졌어요.

한 달에 한 번 꼴로
농구공만 한 운석이
지구에 떨어져요.

미국 애리조나 주의
운석이 떨어진 자국

변신의 왕자, 달

달은 하나밖에 없는 지구의 위성이에요. 지구의 주변을 돌고 있는데, 그 속도는 달이 자전하는 속도와 같아요. 자전과 공전이 모두 한 바퀴 도는 데는 약 27.3일이 걸리지요. 그래서 지구에서는 달의 한쪽 면만 볼 수 있어요. 반대쪽 면은 뒤에 있어 보이지 않지요. 그런데 달이 찼다가 기울고 다시 원래 모습으로 돌아오려면 29.5일이 걸려요. 달이 지구를 한 바퀴 돌아, 태양과 비교했을 때 원래 자리로 되돌아오는 데 걸리는 시간이지요.

우주 상식

보름달이 뜨면 지구의 온도가 약간 올라가요.

우주 데이터	지구로부터의 거리	지름	공전 주기	상의 주기	궤도 둘레
	38만 4,400 킬로미터	1만 2,103 킬로미터	27.3일	29.5일	229만 킬로미터

달에는 계절이 하나예요. 일 년 내내 똑같은 계절이지요.
태양 광선이 달의 적도를 거의 똑바로 비추기 때문이에요.

개기월식 동안에는
어두워진 달이 녹슨 것처럼
불그스레해져요.

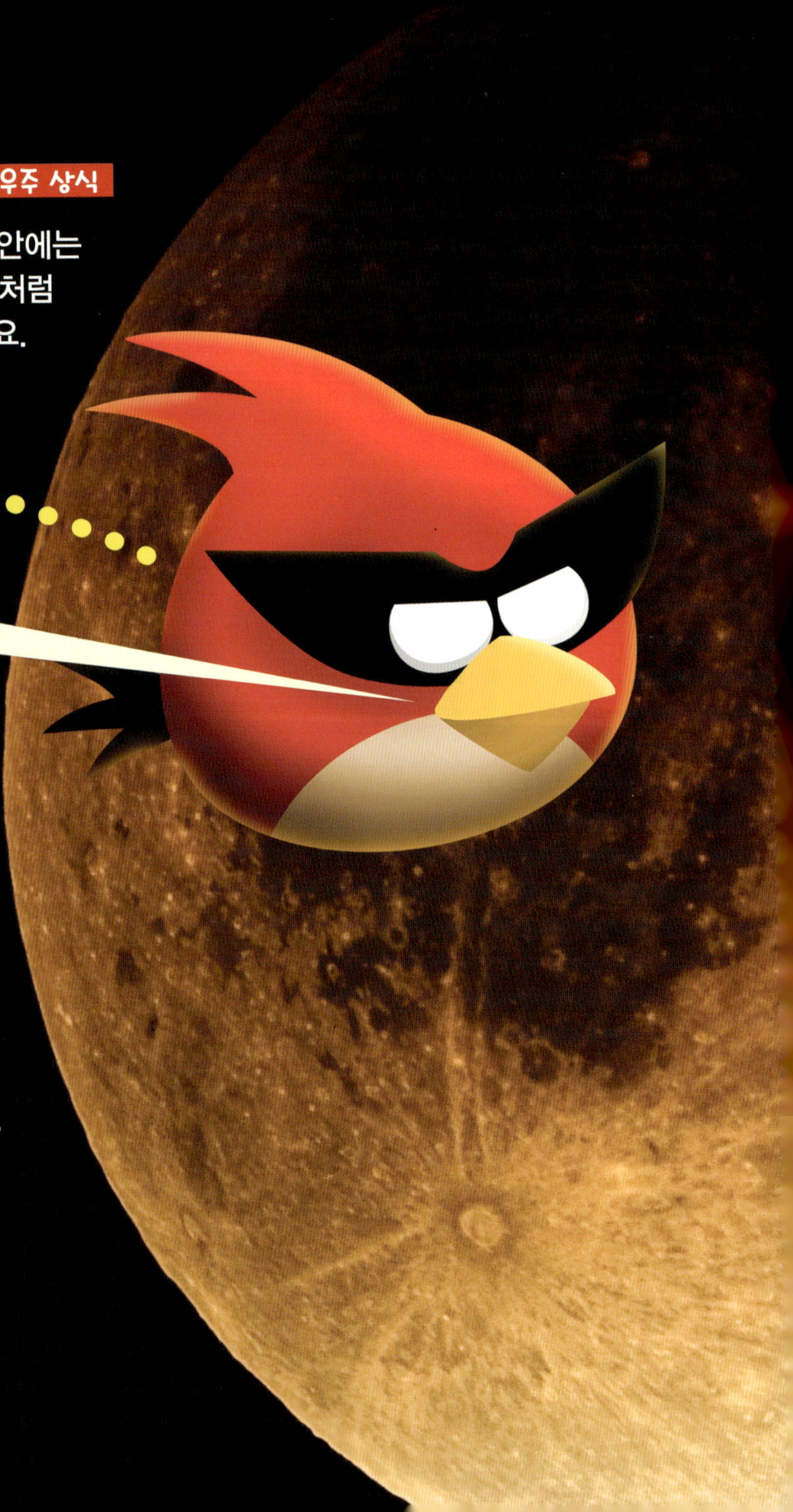

월식은 1시간 정도
계속되기도 하고,
단 몇 분 만에
끝나기도 해요.

붉은빛이 감도는
월식 사진

68

신기한 월식과 일식

지구가 태양과 달 딱 가운데에 오면 월식이 일어나요. 그러면 지구의 그림자가 달에 드리워져서 달이 붉은색으로 변하지요. 월식은 보름달 동안에만 일어나요. 반대로 일식 때는 달이 태양과 지구 가운데에 와서 태양을 가리지요. 태양의 일부만 가리는 것은 부분 일식, 전부를 가리는 것은 개기 일식이라고 해요.

알 수 없는 달의 기원

달은 어디서 왔을까요? 어떤 과학자들은 달이 지구와 따로 만들어졌다가 지구의 중력에 잡힌 거라고 했어요. 하지만 우주선이 달에 갔다 온 뒤로 다른 의견이 생겼지요. 원래 화성만 한 크기의 소행성이 지구와 부딪혀서 부서지고 그중의 한 조각이 달이 되었다는 거예요. 달에 지구에 있는 것과 비슷한 암석이 있는 것과 물이 증발한 흔적, 달의 공전 방향이 지구의 자전 방향과 같다는 점을 보고 알게 된 것이지요. 그리고 이때의 충격으로 지구의 자전축이 23.5도 기울어졌다고 해요.

우주 상식

옛날 사람들은 지구가 만들어지고 남은 찌꺼기들이 뭉쳐서
달이 되었다고 생각했어요.

지구에 달이 두 개인 적이 있다고 생각하는
천문학자들도 있어요.

화성 크기의
천체가 지구와
충돌하는 모습

달의 북극을 덮은 얼음판은
두께가 몇 미터나 돼요.

달로 향하는
엘크로스 위성과
켄타우르 로켓을
묘사한 그림

꽁꽁 얼어붙은 달의 남극과 북극

2009년 10월, 나사가 만든 엘크로스는 달의 남극에 가까이 있는 카베우스 분화구를 관찰한 인공위성이에요. 엘크로스 위성은 켄타우르 로켓을 먼저 달에 떨어뜨렸는데, 그 파편을 분석한 과학자들은 달에 물이 있을 거라고 생각했어요. 인도에서 만든 찬드라얀 1호는 달의 북쪽 분화구에서 레이더 분석을 했지요. 그래서 달의 북극에 얼음이 있다는 사실을 밝혀냈어요. 아직 달에서 살아있는 생명체를 발견한 적은 없지만, 그래도 물이 있을 가능성은 높다고 생각하고 있지요.

달은 지구에서 가장 가까이 있지만,
아직 밝혀지지 않은 것이 많은 신비한 곳이에요.

지구와 비슷한 화성

지구와 화성은 100년에 세 번씩 아주 가까워질 때가 있어요. 5,600만 킬로미터 정도까지 가까워지지요. 화성은 지구보다 훨씬 작지만, 지구와 비슷한 점이 많아요. 화성은 24.6시간에 한 번씩 자전하는데, 지구의 하루와 거의 같지요. 화성은 지구처럼 계절도 있고, 대기와 구름도 있어요. 지구와 비슷하게 남극과 북극에 얼음도 있지요. 지금까지 많은 저공 비행체, 궤도 비행체, 착륙선, 탐사 로봇, 지구로 다시 돌아오는 비행체 등이 화성 표면을 자세히 조사했어요. 그래서 우리는 다른 행성들보다 화성 표면을 더 자세하게 알 수 있어요.

우주 상식

화성에는 포보스와 데이모스라는 위성 두 개가 있어요.
'두려움', '공포'라는 뜻이에요.

우주 데이터	태양으로 부터의 거리	자전 주기	일 년	지름	위성 개수
	2억 2,790만 킬로미터	24.6시간	686.9일 (지구 기준)	6,794 킬로미터	2개

화성이 붉게 보이는 이유는
화성의 흙에 붉게 녹슨 철이 있기 때문이에요.

화성에 있는 물 자국

우주 상식

화성에서 제일 높은 화산은
높이가 약 22킬로미터예요.
에펠 탑보다 68배나 더 높지요.

과학자들은 화성에 얼음이 있다는 건 확실히 알지만, 흐르는 물이 있었는지는 알 수 없었어요. 그래서 화성 탐사 로봇 오퍼튜니티로 화성의 빅토리아 분화구 속에 있는 암석층을 조사했어요. 그 결과 화성에 물이 흘렀다는 증거를 찾아냈지요. 궤도 우주선으로 자세한 사진을 촬영하자, 지구의 강바닥과 비슷한 모양이 드러났거든요. 그래서 어쩌면 예전의 화성은 지금보다 훨씬 따뜻하고 습했을 거라고 추측하고 있어요.

화성에 있는
빅토리아 분화구

피닉스호가 발견한 화성의 물

화성에 있는 물의 대부분은 남극과 북극에 있는데, 아주 높은 곳의 흙 속에 얼어 있어요. 2008년 여름, 화성에 착륙한 피닉스호는 화성의 땅을 얕게 팠어요. 그러자 얼음 부스러기가 반짝이더니 빠르게 증발했지요. 그것을 채취해서 착륙선의 장치로 분석했더니 정말 물이었어요. 그래서 과학자들 중에 몇몇은 옛 화성에 커다란 바다나 호수가 있었을 거라고 생각하고 있어요. 최근 화성 탐사선 마스 익스프레스가 촬영한 사진에서도 그랜드캐년보다 10배나 큰 협곡이 발견되었어요. 이런 사실을 합쳐 보면 옛날 화성에는 물이 많이 흘렀던 게 틀림없지요.

우주 상식

화성에는 눈이 내리지만,
눈송이가 땅에 닿기 전에 증발하고 말아요.

우주 상식

화성의 암석에 있는
물결무늬는
이 암석이 물속에서
만들어졌음을
알려 주지요.

화성에 물이 흘렀음을 알려 주는
골짜기의 날카로운 가장자리

1906년, 한 미국 천문학자가
화성의 골짜기에 고대 문명이
있었다가 사라졌다고
주장했어요.

태양계 안쪽 여행

LEVEL 2

화성의 비행선과
화성인을 상상해서
그린 그림들

화성에 사는 생명체

사람들은 화성을 특별한 곳으로 상상하고는 했어요. 만약 외계인이 있다면 분명히 화성에 살고 있을 거라고 생각했지요. 화성이 지구와 제일 비슷하기 때문이었어요. 그런데 최근에 화성의 표면에서 메탄이라는 기체가 발견되면서 이 상상이 진짜일지도 모르게 됐지요. 보통 기체는 몇백 년 정도 지나면 사라져요. 그런데 지금 메탄이 있다는 것은 화성의 표면이 활발하게 움직여서 뜨거워지면서 메탄을 뿜어냈거나, 아니면 화성에 살아있는 무언가가 있다는 것을 뜻하지요.

우주 상식

중력이 약한 화성에는 공기가 거의 없어요.
그래서 태양풍을 막지 못해서
생물이 모두 죽고 말았을 거예요.

우주를 떠다니는 돌, 소행성대

소행성대는 화성과 목성 사이에서 아주 많은 돌들이 떠다니는 곳을 말해요. 이 돌들은 태양의 주변을 돌고 있지요. 태양계가 만들어질 때, 이 돌들은 목성의 엄청난 중력 때문에 서로 뭉쳐 행성이 되지 못했어요. 이 돌들을 연구하면 행성이 어떻게 생겨났고, 태양계가 진화하면서 행성을 비롯한 작은 천체들이 어떻게 움직였는지 자세하게 알 수 있어요. 소행성대의 돌들은 서로 부딪힐 때가 많아서 가끔 그 부스러기가 지구로 날아올 때도 있어요. 대부분은 대기권을 지나면서 타 들어가 별똥별이 되지만, 운석처럼 지구에 떨어지는 것들도 있지요.

소행성대를
상상해서 그린 그림

가장 큰 왜소행성 케레스

둥근 모양의 왜소행성 케레스는 소행성대에서 지금까지 발견된 천체 가운데 제일 커요. 지름이 933킬로미터나 되지요. 그래서 케레스를 처음 발견했을 때 행성으로 생각했지만, 일 년 만에 행성이 아니라는 사실이 밝혀졌지요. 소행성대에서 케레스 다음으로 큰 팔라스와 베스타는 케레스 크기의 반도 안 돼요. 지구와 마찬가지로 케레스의 내부는 여러 층으로 이루어졌어요. 밀도 높은 암석으로 이루어진 중심부를 얼음이 많은 맨틀이 둘러싸고 있지요. 케레스에는 약간의 대기가 있다는 증거도 있어요.

우주 데이터	태양으로 부터의 거리	자전 주기	일 년	지름	위성 개수
	4억 1,360만 킬로미터	9시간	4.6년 (지구 기준)	952.4 킬로미터	0개

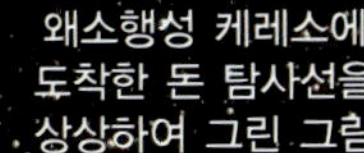

왜소행성 케레스에
도착한 돈 탐사선을
상상하여 그린 그림

무서운 불청객, 지구 근접 물체

지구 가까이에 스쳐 지나가는 소행성과 혜성들을 모두 지구 근접 물체(NEO)라고 불러요. 그중에 어떤 것들은 지구와 부딪히기도 해요. 지구에도 수성이나 달처럼 혜성, 소행성, 운석에 부딪혀 생긴 커다란 분지와 운석공이 175곳이나 있어요. 지구의 표면이 계속 바뀌기 때문에 가려져서 잘 안 보일 뿐이지요. 1970년대, 멕시코의 유카탄 반도에서 폭이 10~19킬로미터나 되는 칙술룹 운석공이 발견되었어요. 백악기가 끝날 무렵 거대한 운석과 충돌한 흔적이지요. 몇몇 과학자들은 이 충돌 때문에 공룡이 모두 사라졌다고 주장하고 있어요.

소행성이 충돌할 때를 상상한 모습

1908년, 한 소행성이
시베리아 하늘 위에서 폭발했어요.
185개의 원자 폭탄이 터질 때와
같은 위력이었지요.

나사의 지구 근접 물체 프로그램 연구소는
지구와 충돌할 가능성이 있는
천체를 찾아 추적하는 일을 해요.

태양계 바깥 여행

깊고 먼 우주로 떠나요

토성이 달을
가린 모습

목성의 모습

우주 상식

목성이 지금보다 80배 정도 더 컸다면,
아마 스스로 빛을 내는 항성이 되었을 거예요.

태양계에서 가장 큰 행성, 목성

목성은 태양계에서 제일 큰 행성이에요. 지구의 1,400배나 되지요. 목성이 태양 주변을 한 바퀴 도는 데는 무려 12년이나 걸려요. 목성의 대부분은 수소와 헬륨으로 이루어져 있지만, 중심부에는 무거운 원소로 된 암석이 있지요. 목성의 질량은 태양계 모든 행성을 합친 것보다 자그마치 두 배나 크지요. 그래서 중력도 태양 다음으로 커요. 하지만 목성은 이렇게 몸집이 크고 무거워도 아주 빨리 자전을 해서 하루가 10시간밖에 안 돼요.

우주 상식

목성은 중력이 커서 근처를 지나가는 혜성들을 자기 궤도로 끌어들일 수도 있어요.

우주 데이터	태양으로부터의 거리	자전 주기	일 년	지름	위성 개수
	7억 7,840만 킬로미터	10시간	11.9년 (지구 기준)	14만 2,983 킬로미터	65개

멋쟁이 목성의 붉은 점과 폭풍

목성의 대기는 아주 멋져요. 줄무늬와 점무늬가 가득해서 무척 화려하지요. 목성이 10시간에 한 번씩 빠르게 자전하기 때문에 생기는 무늬예요. 소용돌이치는 바람이 얼룩덜룩한 줄무늬 띠를 만드는데, 그 안에는 수소, 헬륨, 메탄, 암모니아 기체가 자욱하게 섞여 있어요. 목성에는 3개의 붉은 점이 있어요. 그중 거대한 붉은 점은 지구의 두 배 크기나 되지요. 가장 작은 점은 2008년 5월에 생겼는데, 몇 달 만에 가장 큰 붉은 점이 삼켜 버렸어요.

우주 상식

목성의 붉고 화려한 띠는 황산암모늄으로 이루어졌어요. 냄새가 아주 고약한 화학 물질이지요.

우주 상식

목성의 커다란 붉은 점은
사실 수백 년 동안이나 계속된 폭풍이에요.

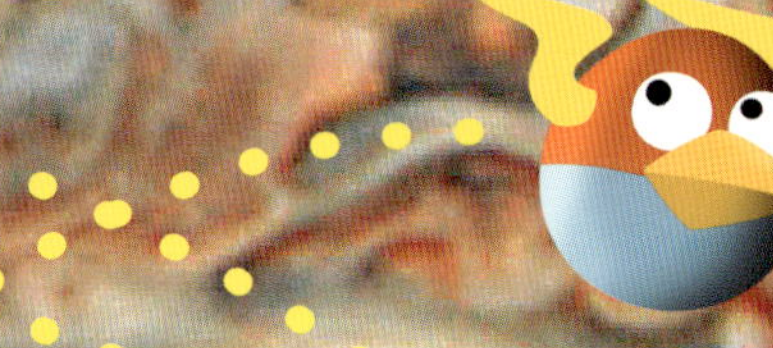

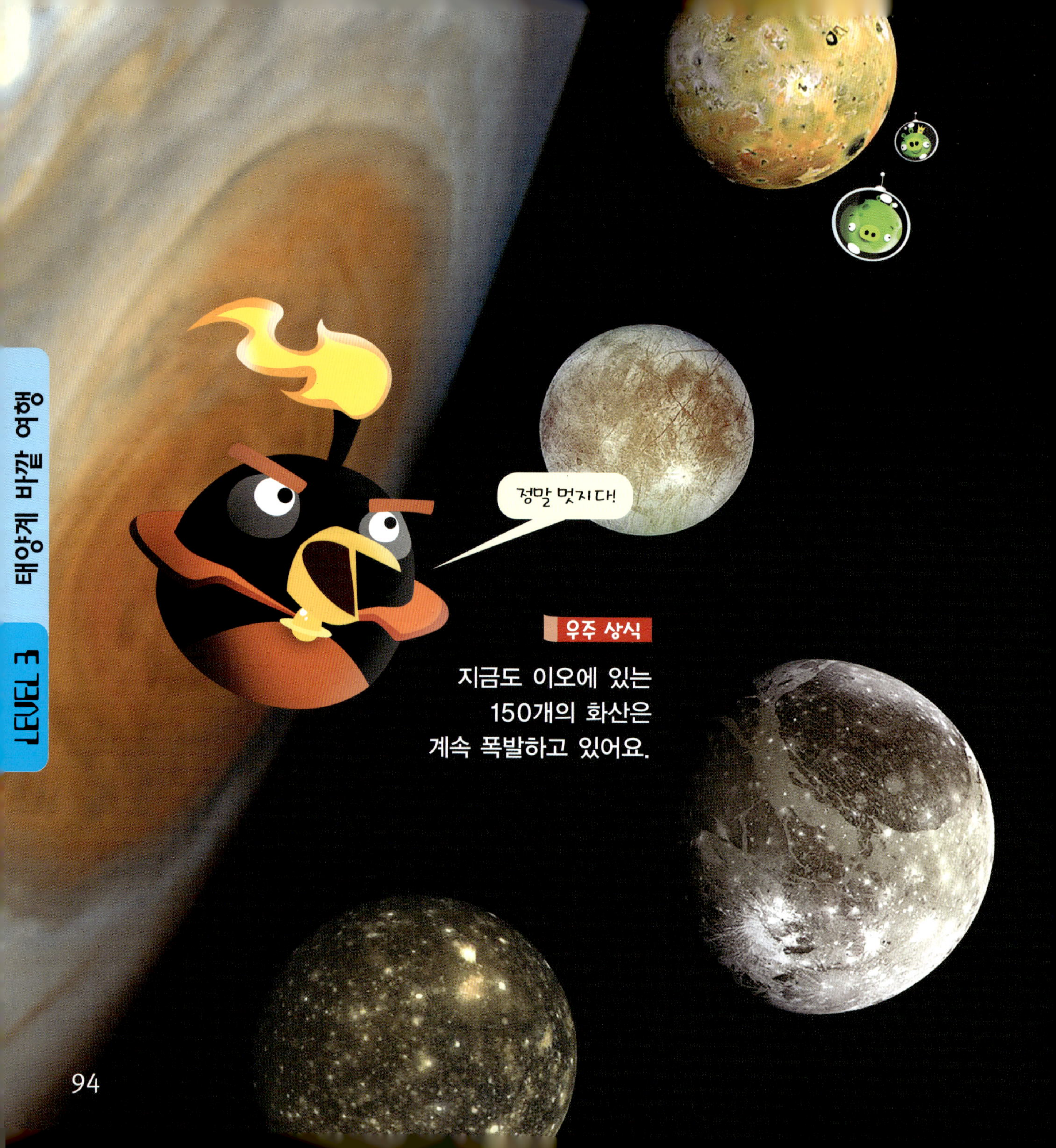

우주 상식

지금도 이오에 있는
150개의 화산은
계속 폭발하고 있어요.

목성의 커다란 위성들

목성 주위를 돌고 있는 위성은 자그마치 65개가 넘어요. 그중 가장 큰 4개의 위성 가니메데, 칼리스토, 유로파, 이오는 1610년 갈릴레오 갈릴레이가 발견해서 갈릴레오 위성이라고 불러요. 태양계에서 제일 큰 위성인 가니메데는 수성이나 명왕성보다도 커요. 칼리스토에는 운석공이 많고, 유로파는 얼음으로 덮여 있어요. 이오에는 화산이 많은데, 이 화산이 토해 낸 연기 구름은 300킬로미터 높이까지 올라가요.

우주 상식

목성의 커다란 위성 가니메데, 칼리스토, 유로파, 이오는
지구에서 쌍안 망원경으로도 볼 수 있어요.

목성과
갈릴레오 위성
4개의 모습

우주 상식

얼음으로 덮인 유로파의 표면에는 물이 들어갈 수 있는 구멍들이 있어요.
북아메리카의 그레이트 호수와 비슷하지요.

얼음 밑에 있는 유로파의 바다

유로파는 목성의 갈릴레오 위성 중에서 가장 작은 위성이에요. 그런데 과학자들은 유로파의 바다에 생명이 있을지도 모른다고 생각하고 있어요. 유로파는 중심부가 철로 이루어졌고, 맨틀은 암석으로 되어 있어요. 나사의 보이저호와 갈릴레오호가 찍은 사진을 보면, 유로파의 얼음 표면에는 가로세로로 갈라진 틈과 빙산 같은 덩어리가 있어요. 그 얼음 밑으로는 아주 깊은 바다가 있지요. 유로파의 바다에는 산소가 있을지도 모른다고 해요. 그러면 생명체가 있을 가능성도 높지요.

우주 상식

우주 생물학자들은 잠수할 수 있는 우주선으로
유로파의 바다를 조사하고 싶어 해요.

훌라후프를 하는 토성

우리가 맨눈으로 볼 수 있는 행성 중 가장 멀리 떨어진 행성은 토성이에요. 토성은 고리 때문에 알아보기가 쉬워요. 토성의 고리는 한쪽 끝에서 다른 쪽 끝까지의 길이가 27만 4,000 킬로미터나 되지요. 바람이 많이 부는 토성의 대기는 암모니아 성분 때문에 황금색으로 보여요. 태양계에서 두 번째로 큰 행성인 토성은 지구보다 763배나 크지만, 무게는 지구의 95배 정도로 가벼워요.

우주 상식

고대 메소포타미아 천문학자들은
토성이 느리게 움직이는 것을 보고 '늙은 양' 이라는 별명을 붙였어요.

토성이 태양 한 바퀴를 돌려면 거의 30년이나 걸려요.
하지만 자전하는 데는 11시간밖에 안 걸리지요.

우주선
카시니호가 찍은
토성의 모습

우주
데이터

태양으로
부터의 거리
14억
킬로미터

자전 주기
10.8시간

일 년
29.5년
(지구 기준)

지름
12만 536
킬로미터

위성 개수
62개

99

과학자들은 토성의 고리가
나중에는 사라질 거라고 생각해요.

토성 고리에
상상으로 색을
입힌 모습

토성의 얼음 고리

토성의 멋진 고리들에 있는 얼음 조각들은 모래알만한 것에서 자갈, 집채만 한 것까지 다양한 크기예요. 이 고리가 처음 어떻게 만들어졌는지는 아직 밝혀지지 않았어요. 토성의 고리는 1659년 네덜란드의 천문학자 크리스티안 하위헌스가 처음 발견했어요. 그 뒤로 토성의 새로운 고리, 작은 고리, 고리 사이의 틈 등이 계속 발견됐어요. 가장 최근에 발견된 것은 제일 끝에 있는 희미한 고리예요. 스피처 우주 망원경이 발견한 이 고리는 토성에서 1,300만 킬로미터나 떨어져 있지요.

토성의 고리는
다른 행성들의 고리보다 무척 밝아요.

우주 상식

토성의 위성은 모두 62개예요.
그중에 이름이 있는 위성은 53개지요.

토성의 별난 위성들

토성에는 재미있는 위성들이 많아요. 혼자 반대 방향으로 도는 포이베, 얼음으로 덮인 밝은 면과 먼지가 쌓인 어두운 면이 둘 다 있는 이아페투스도 있지요. 서로를 돌면서 토성을 공전하고 있는 야누스와 에피메테우스도 있어요. 특히 타이탄과 엔켈라두스, 이 두 위성에는 생명이 있을지도 몰라요. 타이탄의 온도는 약 영하 178도로 물이 액체 상태로 있기에는 너무 춥지만 액체 메탄이 존재하기에는 딱 좋아요. 우주선 카시니호는 타이탄에서 액체 메탄으로 가득 찬 호수 두 곳을 발견했지요. 엔켈라두스의 표면은 더욱 더 추워서 영하 201도나 돼요. 그래서 표면에는 액체가 없지만, 얼음으로 덮인 층 아래에는 액체 상태의 물이 있어요.

지름이 5,150킬로미터인 타이탄은 행성인 수성보다도 더 커요.
태양계에서 두 번째로 큰 위성이에요.

오들오들 무척 추운 천왕성

1781년, 윌리엄 허셜이 망원경을 통해 처음 행성이라고 밝히기 전까지 천왕성은 항성으로 잘못 알려져 있었어요. 천왕성은 온도가 무려 영하 216도까지 떨어지는 무척 추운 행성이지요. 천왕성은 맨틀이 얼음으로 이루어진 얼음 행성이에요. 천왕성에는 약간의 대기가 있는데, 최근에는 구름이나 폭풍도 관찰되고 있어요. 천왕성에 길고 따뜻한 봄이 돌아왔기 때문이지요.

우주 상식

천왕성에서 부는 바람은
자그마치 풍속 900킬로미터예요.

천왕성과 5개의 큰 위성들

천왕성에서는 겨울이 21년이나 계속되지요.

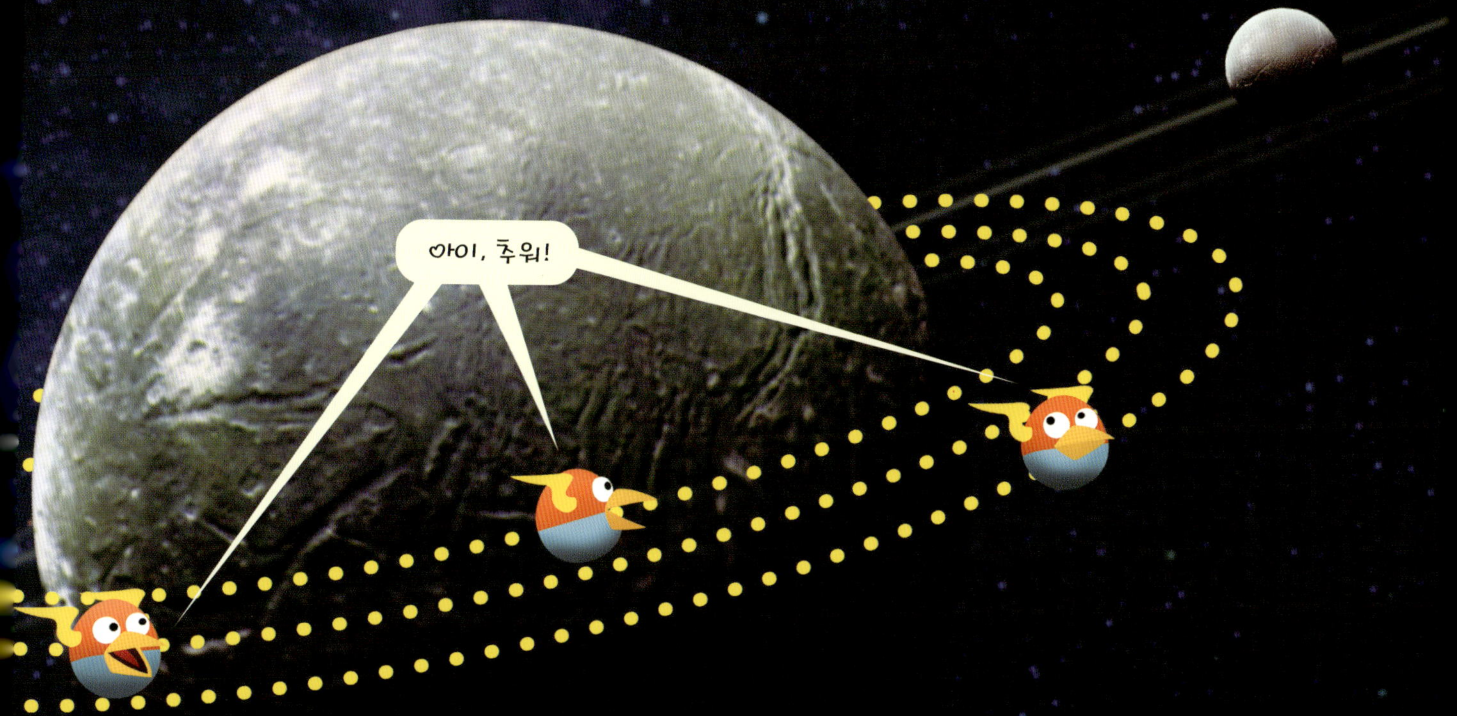

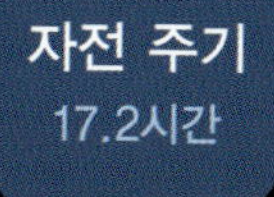

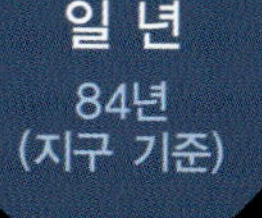

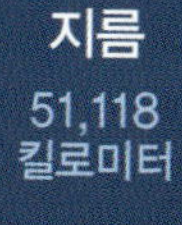

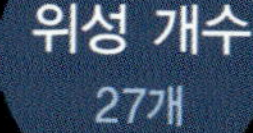

삐딱하게 기울어진
천왕성

천왕성은 무척 특이한 행성이에요. 대부분의 행성들은 태양계를 이루는 면과 거의 수직 방향의 축을 중심으로 자전하지요. 그런데 천왕성은 태양계를 이루는 면과 평행이 되게 자전해요. 팽이처럼 뱅글뱅글 도는 게 아니라 누워서 뒹굴뒹굴 구르는 것 같지요. 과학자들은 천왕성의 자전축이 기울어진 것이 다른 행성과 충돌했기 때문일 거라고 생각해요.

우주 상식

천왕성은 자전하는 방향이
다른 태양계의 행성과는 달라요.

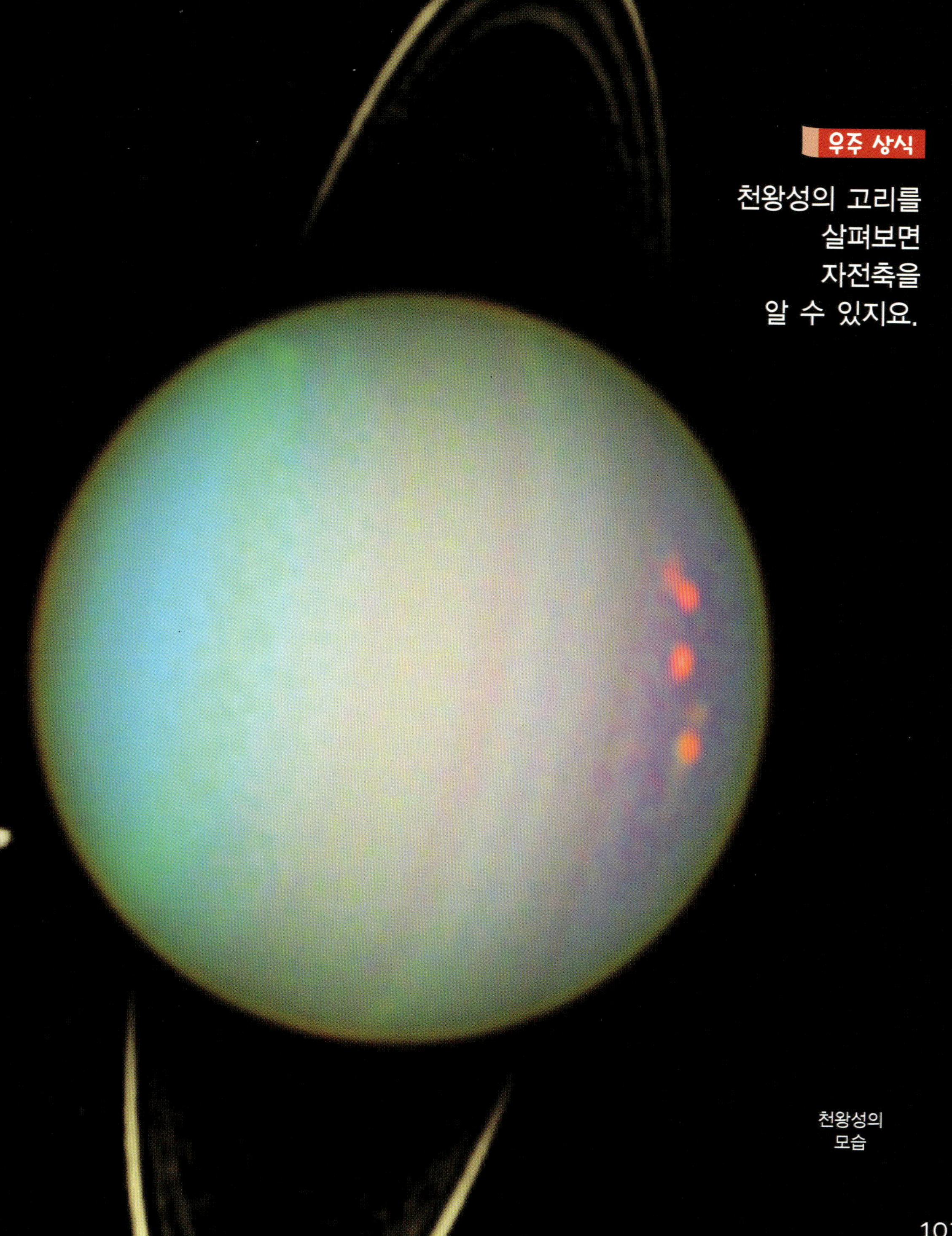
우주 상식
천왕성의 고리를
살펴보면
자전축을
알 수 있지요.
천왕성의
모습

우주 상식

해왕성에 가면 태양은 밤하늘에 눈부시게 빛나는 별처럼 보일 거예요.
그래서 해왕성에는 낮이 없고, 밤만 계속돼요.

태양계의 막내, 해왕성

멀리 떨어진 해왕성은 태양계의 마지막 행성이에요. 얼음 행성인 해왕성은 크기는 천왕성과 비슷하지만 밀도가 약간 높아요. 해왕성은 두꺼운 공기가 둘러싸고 있어서, 선명한 파란빛으로 보이지요. 해왕성에는 풍속 2,000킬로미터가 넘는 엄청난 폭풍이 불어요. 이 바람은 지구에서 일어나는 허리케인보다 9배나 더 강하지요.

우주 상식

해왕성의 위성인 트리톤에는 가느다란 질소 물줄기가 8킬로미터나 솟아오르고 있어요.

우주 데이터	태양으로부터의 거리	자전 주기	일 년	지름	위성 개수
	45억 킬로미터	16.1시간	164.8년 (지구 기준)	49,528 킬로미터	13개

사라지고 있는 해왕성의 고리

해왕성은 아주 가느다랗고 희미한 고리가 여러 겹 둘러싸고 있어요. 보이저 2호가 1989년에 처음 찍은 사진을 보면 해왕성의 고리는 먼지로 이루어져 있지요. 그런데 해왕성의 고리는 아주 얇을 뿐만 아니라 우둘투둘하고 고르지 못한 곳도 있어요. 해왕성의 고리가 언제 어떻게 만들어졌는지는 아직 알려지지 않았어요. 그런데 이 고리는 시간이 지날수록 점점 흩어져 없어지고 있지요.

우주 상식

해왕성의 고리는 13개인데, 해왕성보다 훨씬 나중에 만들어졌어요.

2005년, 하와이에 있는 켁 우주 망원경으로 관찰한 결과,
해왕성의 고리가 많이 없어진 것이 발견되었지요.

보이저 2호가 찍은
해왕성의 고리

태양계에서 쫓겨난 명왕성

명왕성은 해왕성 너머에 있는 작은 행성이에요. 명왕성도 천왕성처럼 반대 방향으로 자전하지요. 원래 태양계의 마지막 행성이었던 명왕성은 2006년에 행성에서 왜소행성으로 분류되고 말았어요. 명왕성은 지름이 1,430킬로미터밖에 안 되는 작은 행성이에요. 너무 작기 때문에 주변의 작은 부스러기 천체들이 자기 궤도에 들어오지 못하게 할 수 없지요. 게다가 태양을 도는 궤도도 다른 주요 행성과는 많이 달랐어요. 이런 이유들 때문에 명왕성은 발견된 지 76년 만에 행성 지위를 빼앗기고 말았지요.

우주 상식

명왕성에는 카론이라는 위성이 있는데,
명왕성의 절반 정도 크기나 되지요.

명왕성에서
태양을 바라본
모습

만일 빛의 속도로 여행한다면,
지구에서 5시간 만에 명왕성에 갈 수 있어요.

명왕성과 친구들, 플루토이드

해왕성 바깥쪽에서 태양을 돌고 있는 둥근 천체 중에서 명왕성, 에리스, 마케마케, 하우메아를 플루토이드라고 말해요. 해왕성에서 명왕성 사이인 카이퍼 띠에는 넓고 평평하게 줄지어 태양 주위를 도는 천체들이 매우 많아요. 천문학자들은 그 가운데 적어도 7만 개는 지름이 100킬로미터 이상일 거라고 생각해요. 지금까지는 약 12개의 큰 천체들이 발견되었어요. 그렇지만 우리가 가진 망원경으로 안 보이는 작은 천체들도 무척 많이 있지요.

우주 상식

**플루토이드라는 이름은
명왕성의 영어 이름인 플루토에서
따온 거예요.**

감자처럼 생긴 하우메아는
4시간에 한 번씩 자전해요.

플루토이드
중의 하나인
하우메아

혜성 가운데 제일 유명한 핼리 혜성은
기원전 2세기부터 기록되었어요.

우주 데이터

이름	크기	자전 주기	일 년	다음 번 관찰될 해
핼리 혜성	8×15 킬로미터	2.2일 (지구 기준)	76년 (지구 기준)	2061년

꼬리가 아름다운 혜성

태양계가 만들어질 때, 얼어붙은 기체 덩어리와 먼지가 많이 생겨나 아주 멀리까지 퍼져나 갔어요. 그중에 어쩌다 새로운 궤도를 타고 태양으로 다가오는 것을 혜성이라고 불러요. 새 까만 얼음 덩어리인 혜성은 태양에 가까이 갈수록 온도가 올라가면서 가스를 내보내요. 이 가스는 밝은 빛을 내면서 혜성의 아름다운 꼬리가 되지요. 이 멋진 꼬리 덕분에 혜성은 눈에 잘 띄어요.

태양을 스쳐가는 혜성들은
뜨거운 태양열에 증발해 없어져요.

2007년 1월,
안데스 산맥에서
올려다본
맥나우트 혜성

태양계의 껍질, 오르트 구름

태양계를 껍질처럼 둘러싸고 있는 먼지와 얼음들이 둥근 띠 모양으로 모여 있는 것을 오르트 구름이라고 불러요. 오르트 구름 속의 먼지나 얼음 조각들이 움직이는 속도가 빨라지면 태양계 밖으로 빠져나가고, 반대로 속도가 느려지면 태양계의 안으로 들어와 혜성이 되지요. 이 구름 속에 있는 혜성들은 태양을 도는 공전 주기가 수천, 수백만 년이 될 정도로 길어요. 공전 주기가 200년보다 짧은 혜성들은 카이퍼 띠에서 오는 것이지만, 그보다 긴 혜성들은 이 오르트 구름에서 오는 것이에요.

우주 상식

오르트 구름은 너무 멀리 있어서
망원경으로는 볼 수 없어요.

우주 상식
혜성이 오르트 구름에서 지구까지 오려면
300~400만 년이나 걸려요. 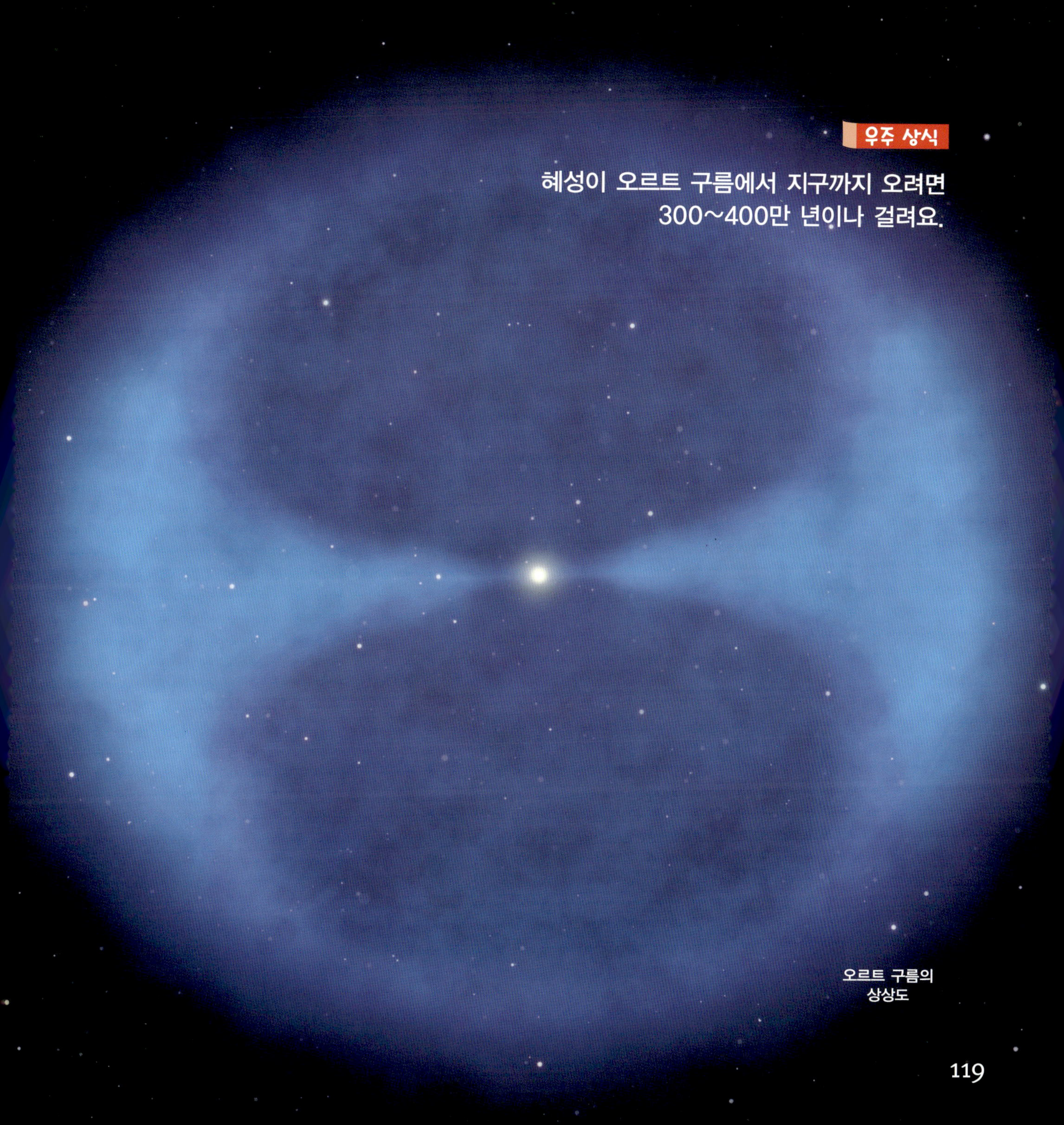
오르트 구름의
상상도

LEVEL 4
더 넓은 우주 탐험
신비한 우주에 대해 더 알아봐요

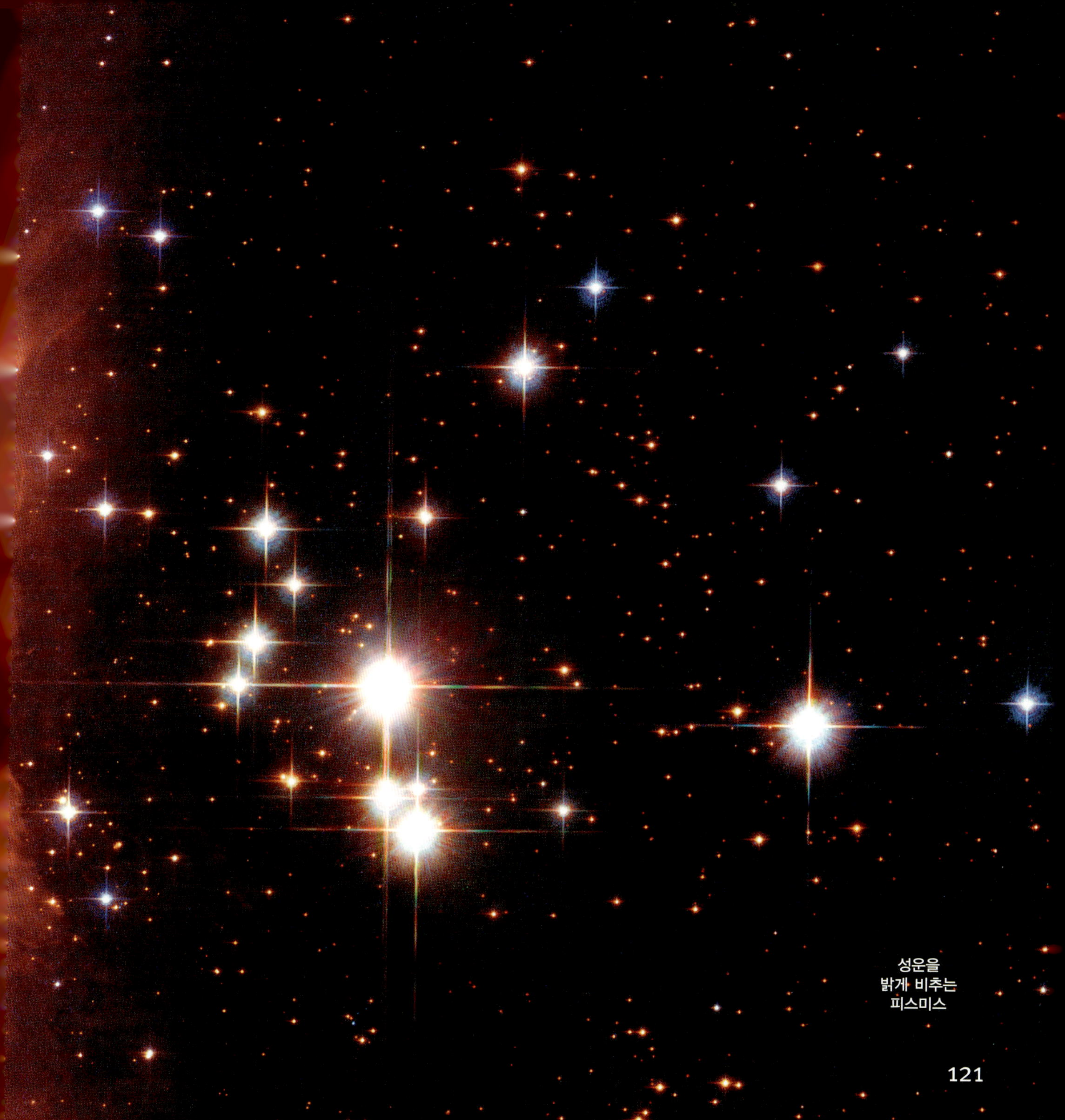

성운을
밝게 비추는
피스미스

별들이 모여 사는 은하수

태양에서 저 멀리 오르트 구름까지 태양계는 무척 커 보이지만, 우주 전체를 생각하면 아주 작아요. 은하계 가운데 별 수천 억 개가 우리 은하를 이루지요. 생긴 지 얼마 안 되는 별은 밝게 빛나고, 나이가 많은 별은 가스 구름을 내뿜어 아름다운 성운을 만들어요. 은하의 중심에는 노란색, 붉은색 별들이 빽빽하게 무리를 이루고 있어요. 그래서 은하를 멀리서 보면 볼록 렌즈 같은 모양을 하고 있지요.

점보 비행기로 우리 은하를 가로지르려면
약 1,200억 년이나 걸려요.

우리 은하와 가장 가까운 다른 은하는
바로 안드로메다 은하예요.

은하수 중심의
적외선 사진

은하 중심에 있는 블랙홀

우리 은하를 이루는 천체들은 은하의 중심을 공전하고 있어요. 태양계에서 천체들이 태양을 중심으로 주변을 도는 것처럼요. 태양계에서 2만 6,000광년 떨어진 은하의 중심에는 태양보다 엄청나게 무거운 천체가 있어요. 하지만 이것은 별이 아니라, 궁수자리 A*라고 하는 거대한 블랙홀이에요. 궁수자리 A*의 크기는 태양의 10배 정도지만, 무게는 자그마치 400만 배나 되지요.

우주 상식

블랙홀은 은하의 한가운데에서
은하를 유지하는 중심 역할을 하지요.

우주 상식
만일 은하수 한복판에 산다면,
수많은 별들이 밤에도
하늘을 환하게 비출 거예요.

우리 은하
한가운데의
별들

구름에서 태어나는 별

별은 별과 별 사이에 있는 커다란 구름 속에서 탄생해요. 이 구름 속의 물질들이 서로 끌어당기며 수축하기 시작하면, 점점 압력이 증가하고 중심의 온도가 높아져요. 이렇게 단단히 뭉쳐져서 만들어진 별이 점점 안정적인 상태가 되면 빛과 열을 낼 수 있게 되지요. 별은 너무 먼 곳에 있기 때문에 위치가 바뀌지 않는 것처럼 느껴지지만, 사실은 꾸준히 움직이고 있어요. 그래서 오랜 세월이 지나면 별자리의 모양도 바뀔 수 있어요.

황소자리의
플레이아데스성단

우주 상식

별 수천 개 정도는 도시의 불빛이나
달이 없는 맑은 날 밤하늘에서
맨눈으로도 볼 수 있어요.

우주 상식

별자리는 88개가 있는데,
동물이나 물건, 신화에 나오는
인물의 이름 등을 붙였지요.

우주
데이터

태양에서
제일 가까운 별
프록시마
센타우리

지금껏
밝혀진 제일
오래된 별
HE 1523
−0901

제일
큰 별
큰개자리 VY

제일
작은 별
중성자별

가장
무거운 별
R136a1

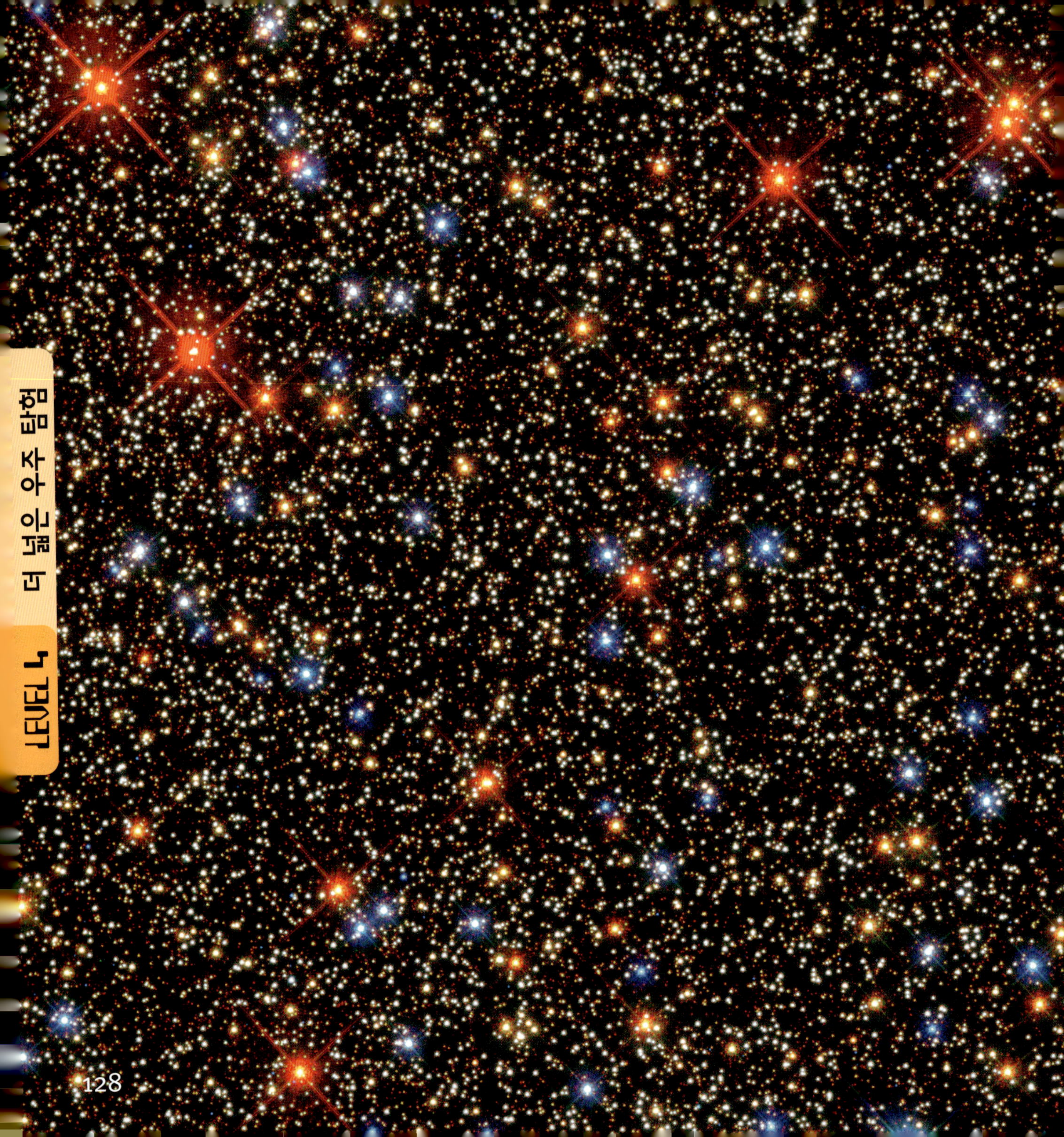

여러 가지 별의 크기

별의 크기는 아주 다양해요. 태양은 별 가운데에서 크지도, 작지도 않은 평균 정도의 크기예요. 제일 흔하면서도 제일 작은 별은 적색 왜성이에요. 태양의 절반 정도 크기인 적색 왜성은 빛이 약해서 어둡지만, 약 10조 년이나 빛을 낼 수 있지요. 가장 덩치가 큰 별은 초거성이에요. 오리온자리에 있는 붉은색 초거성 베텔게우스는 태양보다 1,000배쯤이나 더 커요.

우주 상식

태양계 행성은 크기에 따라 지구형 행성과 목성형 행성으로 나누기도 해요.

우주 상식

보통 작은 별이 큰 별보다 오래 살아요.

흥미로운 별의 일생

별도 사람처럼 태어나고, 살아가고, 죽는 과정을 거쳐요. 이 과정이 얼마나 걸릴지, 어떻게 일어날지는 별의 크기에 달려 있어요. 별의 중심핵이 활동을 멈추면, 별은 쭈그러들기 시작해요. 또, 온도가 올라가면서 헬륨이 탄소로 변하는 새로운 핵융합이 시작돼요. 그러면 별의 중력보다 새롭게 팽창하는 에너지가 더 세져서 크기가 커지지요. 그러다 사용할 수 있는 연료가 다 떨어지면, 별은 기체로 된 바깥층을 버리고 핵의 나머지 부분을 드러내요. 이것을 백색 왜성이라고 불러요.

우주 상식

태어날 때부터 푸른색인 청색 거성은
매우 뜨겁고 수명도 짧지만,
아주 밝기 때문에 발견하기가 쉬워요.

우리 은하의 카리나 팔에서
온도가 높은·젊은 별들로
이루어진 성단

우리 몸을 이루는 세포에는
머나먼 초신성에서 온
원소들이 포함되어 있어요.

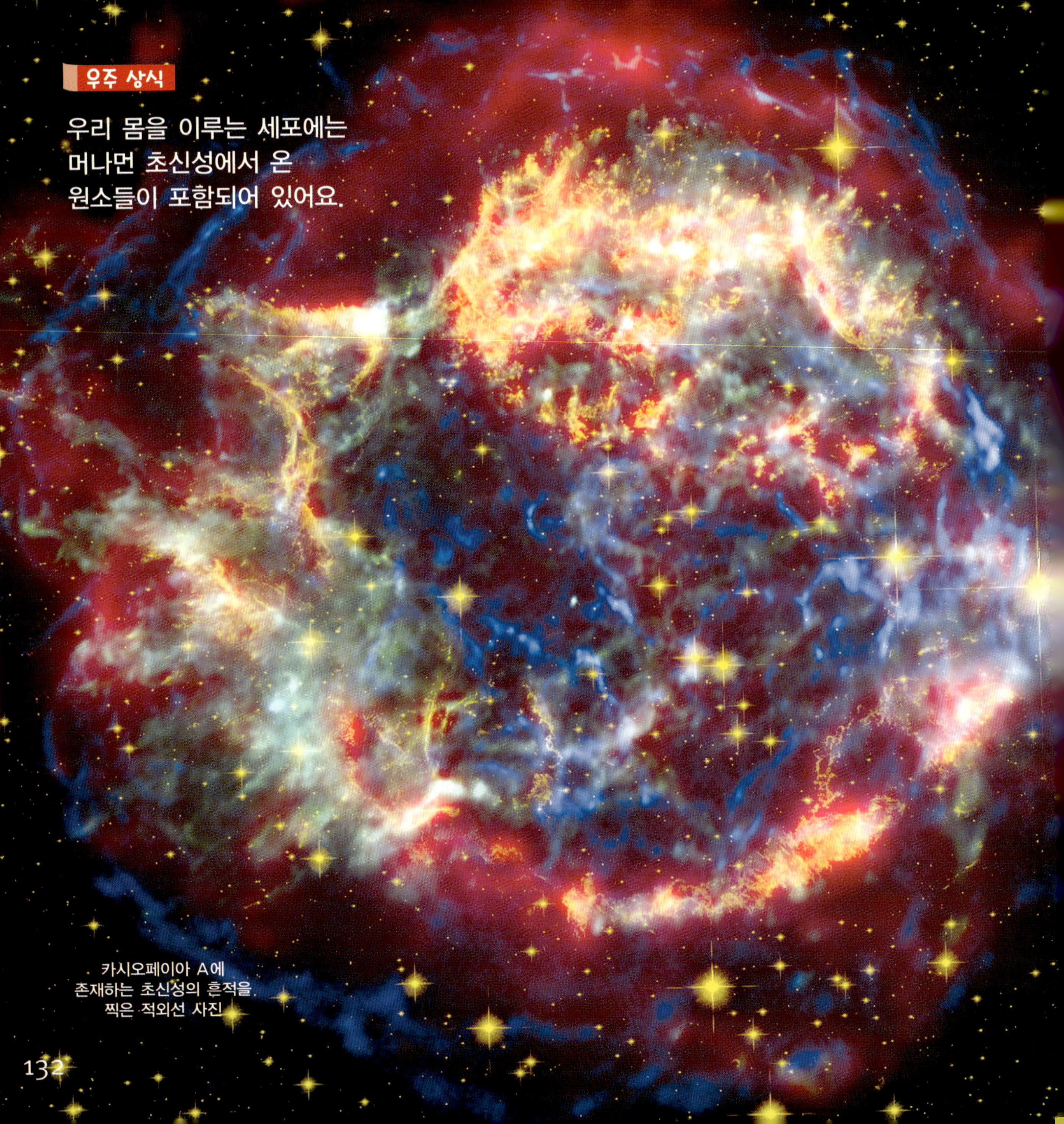

카시오페이아 A에
존재하는 초신성의 흔적을
찍은 적외선 사진

갑자기 빛나는 신성과 초신성

신성과 초신성은 갑자기 휘황찬란하게 빛나는 별이에요. 신성은 처음 몇 시간, 며칠 동안은 아주 밝게 타오르다가 서서히 어두워져요. 신성은 일정한 주기로 밝았다 어두워지기를 반복하지요. 하지만 초신성은 죽기 전에 단 한번만 아주 밝게 빛을 내요. 태양보다 큰 별들은 붕괴할 때 아주 엄청난 폭발을 일으키지요. 이 현상을 초신성 폭발이라고 불러요. 폭발 뒤에 남은 별의 중심은 중성자별이 되어요.

초신성은 우리 은하의 항성들을 모두 합친 것만 한 에너지를 낼 수도 있어요.

우주의 진공청소기, 블랙홀

태양보다 훨씬 큰 별이 초신성 폭발을 하면, 남은 별의 중심은 중성자별 대신 블랙홀이 돼요. 블랙홀의 중심은 중력과 밀도가 아주 높아서 주변에 있는 모든 것을 남김없이 빨아들이지요. 빛, 에너지, 입자, 물질 등 아무것도 블랙홀에서 탈출할 수 없어요. 블랙홀은 직접 볼 수는 없지만, 블랙홀로 빨려 들어가는 빛으로 블랙홀의 존재를 알 수 있어요.

우주 데이터

중성자별의 최대 질량
태양의 3배

항성 블랙홀의 최소 질량
태양의 3배

초신성이 되기 위한 항성의 최소 질량
태양의 1.4배

블랙홀의 중심에는
시간도 존재하지 않아요.

만일 블랙홀이
다른 우주에 있는
블랙홀과 이어진다면,
우주여행을 하는 데
지름길로 이용할 수
있을 거예요.

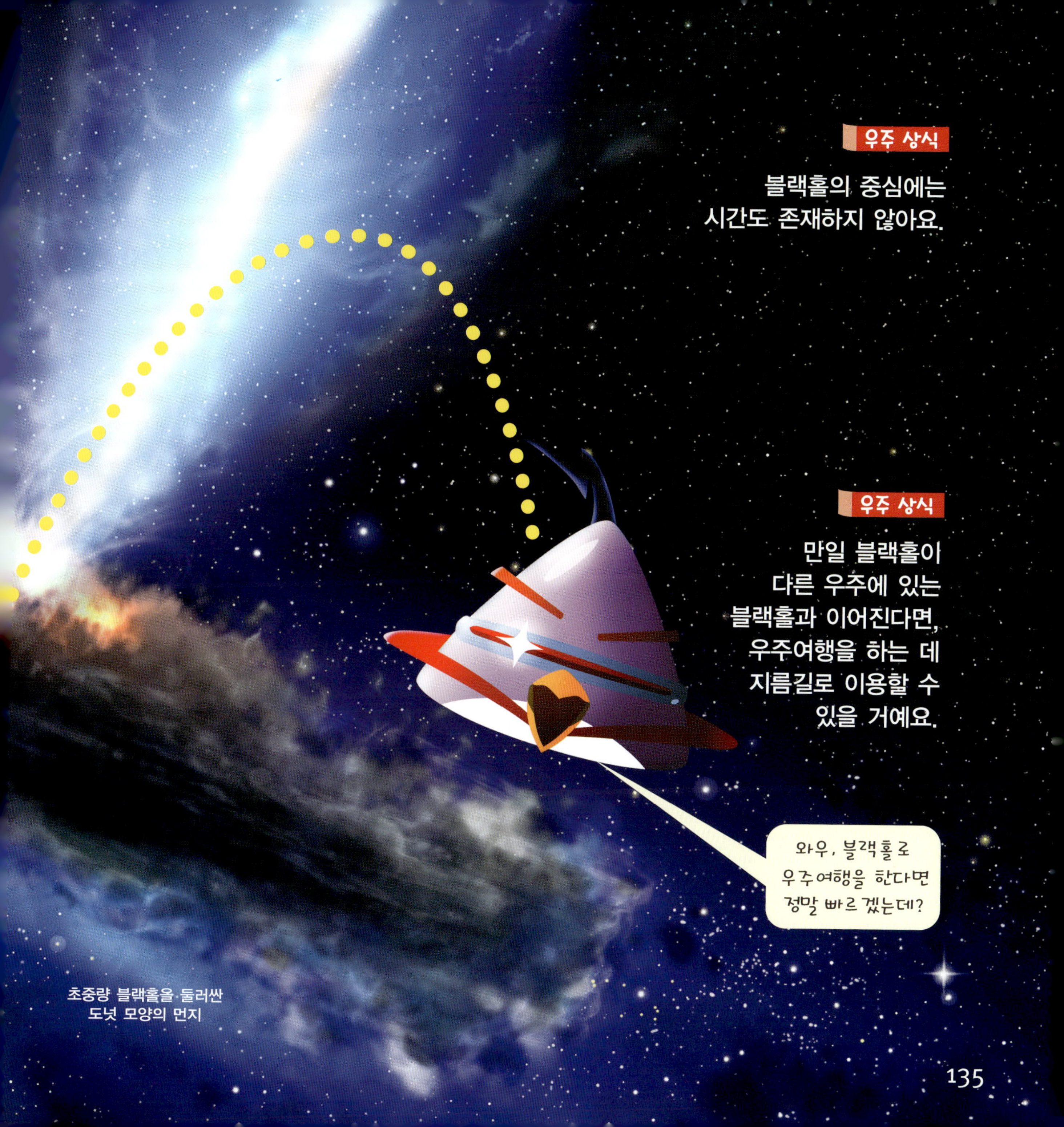

초중량 블랙홀을 둘러싼
도넛 모양의 먼지

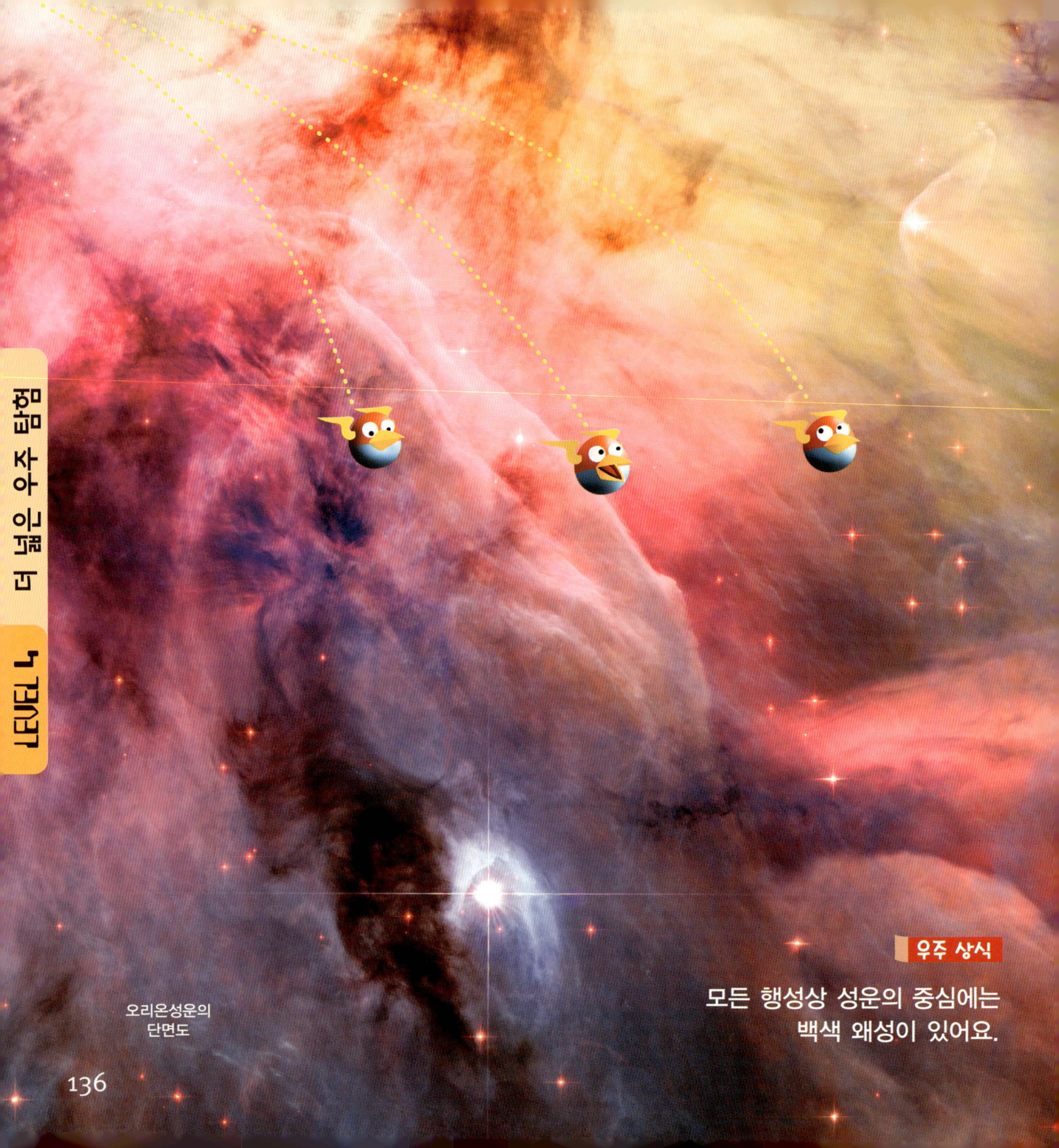

오리온성운의
단면도

모든 행성상 성운의 중심에는
백색 왜성이 있어요.

아름다운 우주의 구름, 성운

성운은 기체와 먼지로 이루어진 거대한 구름이에요. 성운에는 여러 가지 종류가 있지요. 방출 성운은 구름 속 젊은 별들의 에너지로 빛을 내며 별을 만드는 구름이에요. 행성상 성운은 별을 이루고 있던 가스가 주변으로 퍼져 나가 생긴 성운이지요. 먼지로 만들어진 암흑 성운은 별빛을 가려서 어둡게 보여요. 반사 성운은 가까운 별들에서 반사된 빛으로 빛을 내요. 성운은 별·은하·행성을 만드는 기본 재료가 되지요. 성운은 별의 탄생과 죽음이 어떻게 일어나는가를 잘 보여 줘요.

우주 상식

성운은 다양한 색깔과 모양에 따라 이름을 붙이고 있어요.

우주 데이터

가장 큰 성운	가장 작은 성운	최대 수명	최소 수명
폭이 몇십 광년 (산광 성운)	폭이 약 1광년 (행성상 성운)	수백만 년	10~1,000년

우주를 날아다니는 독수리 성운

독수리 성운은 약 7,000광년 떨어진 뱀자리에 있어요. 필립 로이 드 체소가 발견한 독수리 성운은 샤를 메시에가 천체 목록에 넣었어요. 허브 우주 망원경으로 찍은 독수리 성운 사진에는 성운 안에서 별을 만드는 가스와 먼지 기둥이 선명하게 보여요. 지금도 독수리 성운 안에서 계속 별이 만들어지고 있지요. 독수리 성운에서 가장 밝은 별은 작은 망원경으로도 쉽게 관찰할 수 있어요.

우주 상식

독수리 성운에서 올라온 검은 먼지 기둥은 높이가 90조 킬로미터나 돼요.

독수리 성운
우주 상식
독수리 성운의 검은 기둥 속에서
수많은 별들이 태어나고 있어요.

날개를 활짝 편
백조자리

우주 상식

백조자리 꼬리에 있는 별 데네브는
견우성, 직녀성과 함께 여름철의 삼각형을 이루지요.

은하수를 나는 백조 모양의 별자리인 백조자리는 도마뱀자리와 거문고자리 사이에 있는 십자 모양의 별자리예요. 아름다운 백조자리 근처에는 멋진 성운들이 많이 있어요. 그중에 1만 5,000년 전, 초신성이 폭발하고 난 부스러기로 만들어진 면사포 성운은 실과 매듭이 꼬인 천 같은 모양의 아주 멋지고 커다란 성운이지요. 그 외에 모양을 따라 이름을 지은 북아메리카 성운, 펠리컨 성운 등도 있어요.

면사포 성운은 무척이나 커서
각 부분마다 다른 이름을 가지고 있어요.

면사포 성운의 일부인
마녀 빗자루 성운

나선 은하
M74

다양한 모양의 은하

은하는 모양에 따라 타원 은하, 나선 은하, 불규칙 은하로 나누어요. 공처럼 둥글게 생긴 타원 은하는 가스나 먼지가 거의 없고, 나이가 많은 별들이 많아서 붉게 빛나요. 크고 무거운 나선 은하는 늙은 별과 젊은 별, 뜨거운 별과 차가운 별이 섞여 있어요. 나선 은하는 기본 모양과 막대 모양이 있어요. 막대 나선 은하에는 막대 모양이 중앙을 가로지르고 있고, 그 끝에 나선 팔이 달려 있어요. 불규칙 은하에는 여러 가지 별과 가스, 먼지 구름이 있는데 모양이 일정하지 않아요.

우리 은하는
막대 나선 은하예요.

우주에는
1,250억 개의
은하가 있어요.

은하들의 합체 작전

은하는 두세 개에서 수천 개까지 함께 무리를 짓고는 해요.
은하는 서로 밀고 당기는 중력 때문에 종종 충돌하지요.
그러면 은하가 합쳐지면서 별과 기체로 이뤄진 긴 꼬
리를 만드는데, 이 꼬리를 통해 한 은하가 다른 은하로
흘러들기도 해요. 가끔은 중력이 엄청나게 큰 은하
가 가까이 있는 작은 은하들을 찢어 버리기도 하지요.
그러고 나서 큰 은하가 작은 은하를 흡수해 버려요.

우주 상식
은하가
충돌하는 곳에서
수십억 개의
별들이
태어나요.
작고
예쁜
아기별들!
우주 상식
까마귀자리에는 서로 충돌하고 있는
은하 두 개가 있어요.
서로 충돌하는
안테나 은하

145

태양계외 행성

태양 말고 다른 항성 주위를 도는 행성들을 태양계외 행성이라고 불러요. 1991년에 한 전파 천문학자가 태양계외 행성을 처음으로 발견했지요. 그 뒤로 망원경이 점점 발달하면서 태양계외 행성도 더 많이 발견되고 있어요. 2008년에는 허블 우주 망원경이 태양계외 행성인 포말하우트의 사진을 처음으로 찍었어요. 2009년부터는 케플러 우주 망원경이 우리 은하를 자세하게 조사해서 태양계외 행성 후보를 2,300개 이상 찾아냈지요.

우주 상식

포말하우트는 지구로부터 25광년이나 떨어진 항성으로, 목성의 3배 정도의 크기예요.

태양계외 행성,
포말하우트

포말하우트는 태어난 지
수억 년밖에 되지 않았지만,
질량이 태양의 2배나 되지요.

우주
데이터

'일 년'이
가장 긴 별
포말하우트
(약 900년)

최초로 발견된
태양계외 행성
1991년, PSR
1257+12

'일 년'이
가장 짧은 별
게자리 55 E
(17시간 41분)

또 다른 지구

옛날부터 사람들은 우주 어딘가에 지구와 같은 별이 있지 않을까 하고 늘 궁금해했지요. 아직 지구와 같은 별은 발견되지 않았어요. 대부분의 별은 너무 뜨겁거나 너무 추웠지요. 그런데 2011년에 나사가 케플러 22-b라는 새로운 행성을 발견했어요. 지구보다 2.4배 커다란 케플러 22-b는 온도가 22도로 생명체가 살기에 좋은, 따뜻한 별이지요. 게다가 지구처럼 바다도 있고, 토양과 바위도 많지요.

우주 상식

케플러 22-b는 지구에서 무려 600광년이나 떨어져 있어서 관찰하는 데 시간이 많이 걸려요.

우주 상식
지구와 온도가 비슷한 행성을
'골디락스 행성'이라고 불러요.
케플러 22-b 행성을
그린 그림

점점 커지는 우주

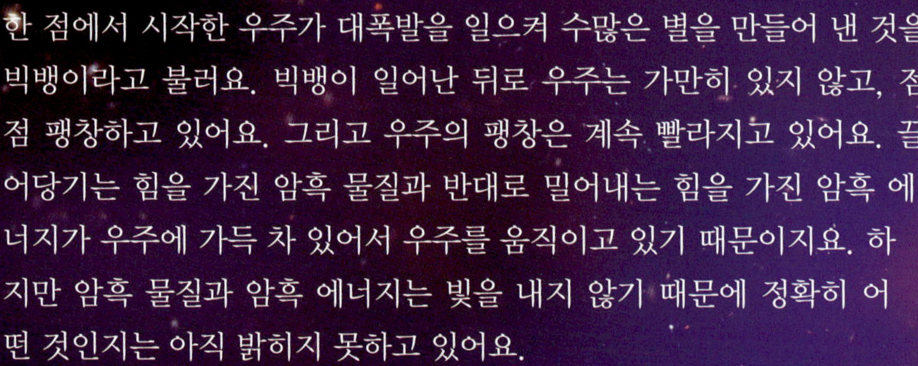

한 점에서 시작한 우주가 대폭발을 일으켜 수많은 별을 만들어 낸 것을 빅뱅이라고 불러요. 빅뱅이 일어난 뒤로 우주는 가만히 있지 않고, 점점 팽창하고 있어요. 그리고 우주의 팽창은 계속 빨라지고 있어요. 끌어당기는 힘을 가진 암흑 물질과 반대로 밀어내는 힘을 가진 암흑 에너지가 우주에 가득 차 있어서 우주를 움직이고 있기 때문이지요. 하지만 암흑 물질과 암흑 에너지는 빛을 내지 않기 때문에 정확히 어떤 것인지는 아직 밝히지 못하고 있어요.

우주 상식

암흑 물질은 빛이 없어서 온도가 낮을 것이라고 생각했지만, 최근에 섭씨 1만 도 이상이라고 밝혀졌지요.

빅 크런치는 빅뱅과 반대로
우주가 하나의 점으로 수축해
붕괴된다는 이론이에요.

판도라 성단의
뜨거운 기체와
암흑 물질

우주
데이터

우주의
나이

137억 년

최초의
별이 생긴 때

빅뱅 뒤 약 1억
5,000만 년이
지났을 때

은하가
최초로 생긴 때

빅뱅 뒤
약 5억 년이
지났을 때

✿ 우주 단어 사전

광년 : 빛이 진공을 1년 동안 지나는 거리를 말해요. 약 9조 5천억 킬로미터예요.

궤도 : 행성이 항성의 중력이 작용하는 공간 속에서 움직이는 경로를 말해요. 태양계 행성이 태양 주위를 도는 길이나, 위성이 행성 주위를 도는 길을 생각하면 돼요.

백색 왜성 : 중심부의 핵 연료를 모두 써 버리고, 예전의 작은 크기로 붕괴하는 항성이에요. 크기는 지구와 비슷하지만, 질량은 태양과 비슷할 정도로 밀도가 높아서 중력이 엄청나지요.

별똥별 : 지구의 대기권으로 들어온 천체들이 만들어 내는 빛줄기를 말해요. 대기와의 마찰이 무척 크기 때문에 대부분의 천체는 땅에 닿기 전에 없어져 버려요. 가끔 다 타버리지 않고 땅에 떨어진 천체를 운석이라고 불러요.

빅뱅 : 우주의 기원과 진화에 대해 과학자들이 널리 받아들이고 있는 이론으로, 우주는 아주 작은 점에서 대폭발을 일으켜서 계속 팽창하고 있다고 해요.

성간 : 별과 별 사이의 공간이에요.

성운 : 성간에 있는 기체와 먼지로 이루어진 구름이에요. 방출 성운, 행성상 성운, 암흑 성운, 방사 성운으로 나뉘어요.

소행성 : 화성과 목성 사이의 궤도에서 태양의 둘레를 돌고 있는 작은 행성을 말해요. 암석으로 되어 있는 소행성은 대부분 반지름이 50킬로미터가 안 되는 작은 크기예요. 소행성이 많이 있는 화성과 목성 사이를 소행성대라고 불러요.

오르트 구름 : 커다란 얼음 덩어리들로 만들어진 거대한 구름으로, 우리 태양계를 둘러싸고 있어요. 이 오르트 구름에서 혜성이 태어나지요.

왜성 : 질량이 태양과 거의 비슷하고 크기가 작은 항성이에요. 하지만 빛의 세기가 약하지요. 백색 왜성과 적색 왜성이 있어요.

왜소행성 : 둥근 모양을 유지할 정도로 크기가 큰 행성이지만, 다른 행성들과 비교하면 아주 작은 행성이에요. 그래서 자기 공전 궤도를 방해하는 다른 작은 천체들을 내쫓지는 못해요.

우리 은하 : 2천억 개 이상의 항성으로 이루어진 거대한 막대 나선 은하예요. 태양계도 우리 은하의 일부분이지요.

우주 생물학 : 우주의 생명을 연구하고 외계 생명을 찾아 나서는 학문을 말해요.

월식 : 달이 지구의 그림자에 가려 전부나 일부가 보이지 않는 현상을 말해요. 전체가 보이지 않으면 개기 월식, 일부가 보이지 않으면 부분 월식이라고 부르지요.

위성 : 행성 주위를 도는 천체나 왜소행성, 소행성 등을 말해요.

은하 : 우주에 구름 띠 모양으로 길게 수십억 개의 별이 모여 있는 것을 말해요. 중력 때문에 함께 모여 있는 것이지요.

인공위성 : 행성의 둘레를 돌면서 여러 가지 일을 하도록 사람이 만든 장치예요.

일식 : 달이 태양의 일부나 전부를 가리는 것을 일식이라고 해요. 일부만 가리는 현상을 부분 일식, 전부를 가리는 것을 개기 일식이라고 해요. 정확히 태양의 중심부만 가려서 테두리가 반지처럼 빛나는 것은 금환식이라고 하지요.

적색 거성 : 중심부의 수소로 에너지를 내며, 원래 크기보다 100배 이상 커지는 항성을 말해요. 온도는 낮아서 붉은색을 띄지요.

중력 : 우주의 모든 천체들이 서로를 잡아당기는 힘을 말해요. 만유인력이라고도 하지요. 지구 위의 물체가 지구로부터 받는 힘도 중력이라고 불러요.

중성자별 : 초신성 폭발 뒤에 남은, 밀도가 아주 높고 작은 별이에요.

지구 근접 물체(NEO) : 궤도가 지구의 궤도와 가까운 소행성, 또는 주기가 짧은 혜성 등을 말해요. 때로는 지구와 충돌할 가능성도 있어요.

천체 : 우주에 존재하는 항성, 행성, 위성, 혜성, 성단, 성운, 인공위성 등 모든 물체를 통틀어 이르는 말이에요.

초거성 : 반지름이 태양의 100배 이상이 되는 아주 큰 항성이에요. 태양보다 수만 배 밝아요.

초신성 : 태양보다 몇 배나 큰 항성이 죽기 전에 폭발하면서 엄청난 빛과 에너지를 내뿜는 것이에요.

카이퍼 띠 : 해왕성 바깥쪽에서 태양의 주위를 돌고 있는 작은 천체들을 가리켜요. 대부분 얼음으로 이루어져 있는데, 주기가 짧은 혜성들은 대부분 이곳에서 온 것이지요.

코로나 : 태양 대기권의 가장 바깥층에 있는 고리 모양의 가스층이에요. 코로나는 개기 일식 때 태양을 완전히 가린 달의 가장자리에서 볼 수 있어요.

태양계 : 태양을 중심으로 공전하는 천체의 집합이에요. 태양과 8개의 행성(수성, 금성, 지구, 화성, 목성, 토성, 천왕성, 해왕성), 행성 주위를 도는 위성, 화성과 목성 사이에 흩어져 있는 소행성, 태양 주위를 지나는 혜성, 유성 등을 말하지요.

태양계외 행성 : 태양 이외의 다른 항성 주변을 도는 행성을 말해요.

태양풍 : 태양에서 오는 대전 입자들의 흐름을 일컫는 말이에요.

플레어 : 태양 대기권의 아래층, 흑점과 가까운 곳에서 갑자기 격렬한 폭발이 일어나는 현상이에요.

플루토이드 : 해왕성 궤도 바깥쪽에서 태양 주변을 도는 왜소행성이지요.

항성 : 움직이지 않고 제자리에서 스스로 빛을 내는 별을 말해요.

행성 : 항성 주변의 궤도를 도는 천체예요. 둥그스름한 모양을 유지할 수 있도록 질량이 커서 중력을 가지고 있어야 해요. 그리고 행성은 자신의 위성 말고 다른 천체들이 자기가 움직이는 길에 들어오지 못하게 할 수 있어야 해요.

행성상 성운 : 죽어가는 적색 거성에서 나온 물질로 이루어진 성운을 말해요..

혜성 : 태양 주위를 도는, 얼음으로 이뤄진 작은 천체예요. 주기가 짧은 혜성은 카이퍼 띠에서 만들어진 것이고, 주기가 긴 혜성은 오르트 구름에서 만들어진 것이지요.

흑점 : 태양 표면의 크고 어두우며 다른 곳보다 온도가 낮은 지역을 말해요. 자기 활동이 무척 활발하게 일어나는 곳이에요.

지구에서 우주 관찰하기

꼭 로켓을 타고 우주에 가야만 우주를 관찰할 수 있는 것은 아니에요.
망원경 없이도 그냥 맨눈으로도 우주의 멋진 장면을 관찰할 수 있어요.
시간과 장소만 잘 기억한다면요.

일식과 월식

개기 일식

연도	날짜	관측 장소
2015년	3월 20일	아이슬란드, 유럽 북부, 북아프리카, 북아시아
2016년	3월 9일	수마트라섬, 보르네오섬, 술라웨시섬
2017년	8월 21일	남아메리카 북부, 북아메리카
2019년	7월 2일	칠레, 아르헨티나
2020년	12월 14일	칠레, 아르헨티나

부분 일식

연도	날짜	유형	관측 장소
2013년	5월 10일	금환식	오스트레일리아 북부, 솔로몬 제도
2014년	4월 29일	금환식	오스트레일리아, 남극
2014년	10월 23일	부분일식	북아메리카 서부
2015년	9월 13일	부분일식	남아프리카, 남극
2016년	9월 1일	금환식	아프리카, 인도양
2017년	2월 26일	금환식	칠레, 아르헨티나, 아프리카, 남극
2018년	2월 15일	부분일식	남아메리카 남부, 남극
2018년	7월 13일	부분일식	오스트레일리아 남부
2018년	8월 11일	부분일식	유럽 북부, 북동아시아
2019년	1월 6일	부분일식	북동아시아, 태평양 북부
2019년	12월 26일	금환식	사우디아라비아, 인도, 수마트라섬, 보르네오섬, 오스트레일리아
2020년	6월 21일	금환식	아프리카 중부, 아시아 남부, 중국

연도	날짜	관측 장소
2014년	4월 15일	오스트레일리아, 태평양 제도, 북아메리카 서부
2014년	10월 8일	오스트레일리아, 태평양 제도, 북아메리카 서부
2015년	4월 4일	오스트레일리아, 태평양 제도, 북아메리카 서부
2015년	9월 28일	유럽, 아프리카, 아시아 서부, 태평양 동부, 미국
2018년	1월 31일	아시아, 오스트레일리아, 태평양 제도, 북아메리카 서부
2018년	7월 27일	남아메리카, 유럽, 아프리카, 아시아, 오스트레일리아
2019년	1월 21일	태평양 중부, 미국, 유럽, 아프리카

별똥별과 혜성

일 년마다 오는 주요 유성우

유성우	별자리	날짜	관측 장소
용 별자리 유성군	용자리	1월 1일~5일	북반구
알파 센타우리	센타우루스자리	2월 6일~8일	남반구
감마 노르미드	직각자자리	3월 12일~14일	남반구
에타 아쿠아리드	물병자리	4월 19일~5월 28일	북반구
파이 푸피드	고물자리	4월 22일~24일	남반구
페르세이드	페르세우스자리	7월 17일~8월 24일	북반구
오리오니드	오리온자리	9월 10일~10월 26일	북반구
레오니드	사자자리	11월 14일~21일	북반구
제미니드	쌍둥이자리	12월 7일~17일	북반구

혜성

혜성	궤도 주기	다음에 관측될 연도
1P 핼리 혜성	76년	2061년
109P 스위프트-터틀 혜성	130년	2127년
C 1995 O1 헤일-봅 혜성	2,400년	4397년

우주에 대한 더 많은 정보들

우주 관련 기관

한국천문연구원
www.kasi.re.kr

천문학 연구 기관, 세계 천문 소식, 국내 천문대 링크, 태양계, 소행성 과거 기록 수록.

한국항공우주연구원
www.kari.re.kr

국가 항공 우주 연구 기관, 나로 우주 센터, 항공기, 우주 발사체, 인공위성, 안전 인증 등 연구 분야 안내.

천문우주지식정보
astro.kasi.re.kr

한국천문연구원 제공, 천문 우주 지식 포털, 천문 현상, 별자리 지도, 학습 자료 등 수록.

한국우주소년단
www.yak.or.kr

청소년 우주인 육성 프로젝트, 과학 대회, 우주 과학 캠프 등 프로그램 안내, 행사 일정 수록.

국립전파연구원 우주전파센터
www.spaceweather.go.kr

우주 전파 환경 및 실시간 관측 정보, 관측 시스템 등 안내.

사이버항공우주센터
www.aerospace.go.kr

항공 우주 박물관 안내, 항공 우주 정보, 가상 비행 체험 등 수록.

과학관 및 박물관

나로우주센터 우주과학관

www.narospacecenter.kr

과학관 소개, 관람 및 전시 일정, 행사, 프로그램, 교육 콘텐츠 등 안내.

항공우주박물관

www.aerospacemuseum.co.kr.

박물관 소개, 항공 우주 정보, 전시실 관람 등 제공.

국립고흥청소년우주체험센터

www.nysc.or.kr

국립 중앙 청소년 수련원, 청소년 우주 탐험 캠프, 가족 우주 탐험 프로그램 소개 및 이용 안내.

예천천문우주센터

www.portsky.net

천문 과학관, 우주 환경 체험, 항공 체험, 과학 캠프, 청소년 수련 활동 인증 프로그램.

관련 교과 과정

초등학교 5학년

과학 1학기 지구와 달
과학 2학기 태양계와 별

중학교 2학년

과학 2학기 태양계, 별과 우주

이 책에 도움을 주신 분들

로비오

Sanna Lukander, Antti Gronlund,
Hanna Silvennoinen, Jan Schulte-Tigges

내셔널 지오그래픽

Amy Briggs, Jonathan Halling,
Susan Blair, Judith Klein,
Joan Gossett, Rob Waymouth,
Anna Zusman, Lisa A. Walker,
Robert Burnham, and Patricia Daniels

앱 스토어나 **www.rovio.com**에서 앵그리버드를 만나 보세요!